时间复利

将简单重复到极致

剑 飞/著

电子工业出版社
Publishing House of Electronics Industry
北京·BEIJING

内 容 简 介

本书希望和读者探讨的是如何稳定地坚持做简单而正确的事情，获得时间复利。书中为读者提供了获得时间复利的实践方法和应有的底层思维。

本书适合对自己有要求，有长期思维，希望获得时间复利的读者阅读。读者可以通过做足体力活，为成长发展打下坚实的基础；选对大方向，深耕专业，创造作品，成为专业人士；积极选择或创造环境，做出长久且有价值的决定，抓住人生特定阶段快速成长；构建清晰的"未来回忆"，规划自己的人生。

图书在版编目（CIP）数据

时间复利：将简单重复到极致 / 剑飞著 . —北京：电子工业出版社，2023.11
ISBN 978-7-121-46555-0

Ⅰ . ①时… Ⅱ . ①剑… Ⅲ . ①成功心理 - 通俗读物 Ⅳ . ① B848.4-49

中国国家版本馆 CIP 数据核字（2023）第 202288 号

责任编辑：滕亚帆
印　　刷：北京虎彩文化传播有限公司
装　　订：北京虎彩文化传播有限公司
出版发行：电子工业出版社
　　　　　北京市海淀区万寿路 173 信箱　　　邮编：100036
开　　本：880×1230　　1/32　　印张：8.375　　字数：222 千字
版　　次：2023 年 11 月第 1 版
印　　次：2024 年 10 月第 3 次印刷
定　　价：79.00 元

凡所购买电子工业出版社图书有缺损问题，请向购买书店调换。若书店售缺，请与本社发行部联系，联系及邮购电话：（010）88254888，88258888。
质量投诉请发邮件至 zlts@phei.com.cn，盗版侵权举报请发邮件至 dbqq@phei.com.cn。
本书咨询联系方式：faq@phei.com.cn。

推荐语

我一直向身边渴望成长的年轻人推荐剑飞的书。他在书中提供了可借鉴的行动指南，处处是方法论，处处来自实践，处处可以应用提升。《时间复利》也不例外。

——周宏骐　新加坡国立大学商学院兼职教授

爱因斯坦认为，时间是幻觉，但如果利用时间的能力不同，就会呈现不同的人生精彩。剑飞的《时间复利》启迪你如何与时间进行博弈。

——王成岐　英国诺丁汉大学教授

如果说人生是一场旅程，时间就是那个始终陪伴左右的朋友。如何和这个朋友相处？如何获得更好的人生体验呢？《时间复利》中剑飞提供了很多实用建议，他也一直在践行中，和他一起行动起来。

——潘利华　广东太古可口可乐有限公司市场销售总监

剑飞一直在思考，如何通过时间持续稳定地成长。《时间

《复利》是一本在时间里成长的行动手册，清晰明确，读了就去做，短期不会产生结果，但长期必然收获好结果。

——吴传鲲　赢商 tech 董事长

复利思维大家都听过，但很多人不懂如何创造复利。毕竟真正有钱，可以用钱生钱的人太少了。好在剑飞老师的《时间复利》给了我们一个很好的思路，让自己的劳动付出变成有复利的回报。哪怕你现在是一个体力劳动者，有了这样的思路，人生的路一定可以越走越宽。

——秋叶　秋叶品牌、秋叶 PPT 创始人

时间就是生命本身。拥有时间复利，就掌握了人生的底层逻辑。剑飞凭借自己多年的实践和洞察，总结出一套实用的可操作方法。翻开书，在时间里创造复利！

——郑晔　悦湾会创始人

剑飞是一个能把一件事做 10 年的人，他说还要继续做 30 年，甚至 50 年。在这本《时间复利》中，随处能见这种长期的做事方式。而他也毫不吝啬地分享这种罕见品质形成过程和培养方法。非常值得一读。

——何磊　《重构：门店新零售创业工作法》作者、
八马茶业联席总经理

剑飞老师通过本书告诉我们，实现时间复利的四步骤：做

足体力活是基础,深耕专业是推进器,终生成长是生产力,做好人生规划是底层思维。让我们一起搭乘"时间"列车,达到"复利"的目的地。

——麦风玄　《成长超能力》作者

《时间复利》是剑飞送给年轻人的行动手册。他用丰富的实践经验和独到的方法,教我们如何与时间相处,如何获得更好的人生体验,而拥有时间复利就是掌握人生的底层逻辑,跟着剑飞一起行动,创造属于自己的辉煌人生。

——刘兴亮　知名数字经济学者、
工信部信息通信经济专家委员会委员

作为推荐人,我特别想对读者朋友们说三句话:

一、剑飞不仅写得非常好,还做得特别好,我很佩服他。

二、他写的这本书,说理到位,可操作性极强。

三、读完书,踏踏实实执行,你一定会有大收获。

——剽悍一只猫　个人品牌顾问、《一年顶十年》作者

最好的投资是对自我成长的投资,最好的投资方法,是通过行动在时间维度上产生复利。

剑飞老师通过长期时间记录,探索打磨出自己的成长体系,并把它们写进时间系列作品中。

在《时间复利》一书中，他更深入全面地解析了时间理念。帮助读者利用好现有资源，稳定做到力所能及的事，让时间在对的方向上推动成长，沉淀出果实。

——灵休 《语写高手》合著作者

"时间复利"，剑飞的这个说法很妙、很准，简单而强大。有很多事是可以短期内习得或达到的，但是，也有很多更重要、更厉害的事，是必须用时间去"磨"的。对于这些事，都有一种东西可以练，就是"功夫"。只有具备长期思维、稳定地坚持做简单而正确的事，才能拥有"时间复利"，才能长出一辈子傍身的"功夫"。想学这门练就"功夫"的"功夫"，就从《时间复利》开始吧，剑飞倾囊相授的 360 度讲解，确定性地会让每位读者受益一生。

——何兴华 《重启私域》与《流量制造》作者

这本书传递了作者剑飞长期做事的态度，思路清晰、操作性较强。我呼吁读者读后付诸于行动，收获必定惊人。时间复利是最好的投资方法，而本书能帮助我们在时间的推动下稳定成长，成就最好的自己。

——史伟栋 法国格勒诺尔大学特聘教授、
《自驱：穿越周期的超能力》作者

前 言

时间总是沿着"过去—现在—未来"的路径，自动、匀速前进。线性、自动、匀速，时间的这 3 个基本特征对每个人而言都是一样的。而人和人发展的结果是不同的，这种不同源于每个人利用时间的方式不同。

本书提出的"复利"，是一个基于时间的概念，只在时间维度上发生作用，且时间越长，能量越大。

遵循时间的基本特征，持续做重要的、有价值的事情，把力所能及的事情做到极致，时间会为我们自动积累复利，让每一天的努力在未来得到收获。很多时候，简单的技能被重复到极致，就能产生惊人的效果。

本书希望和大家探讨的是，如何稳定地坚持做简单而正确的事情，获得时间复利。

做足体力活是获得时间复利的基础。我们身处不确定的时代，要在时间轴上做确定的事，认真地把体力活做到位，以"行百里者半九十"的理念，真正"从知道到做到"，用心做"做不到的事"，为成长发展打下坚实的基础。

深耕专业是获得时间复利的推进器。长周期稳定是专业人士的特质。要做到长周期稳定，需要选对大方向，保持谦卑，保持前进，勤奋努力地深耕专业，主动销售，创造自己的作品。

终生成长是获得时间复利的生产力。人是环境的产物，我们要积极选择或创造自己想要的环境，让自己不断成长。很多时候，成长是对自己的要求，需要拥有持续进步的动力，也需要大量阅读。面对生活中无处不在的决定，要相信自己随时可以改变，做出长久决定，抓住人生特定阶段，快速成长。

做好人生规划是获得时间复利的底层思维。我们生来就有规划未来的能力，我们的人生值得用心规划。未来就是回忆，构建清晰的"未来回忆"，通过图书、影视作品理解时间，和时代一起发展。

愿每个人都能获得时间复利，获得幸福生活。

目　录

第 1 章　做足体力活，时间复利的基础　　　　1

1.1　在不确定的时代，做时间轴上确定的事　　4

1.1.1　做确定的事，应对不确定的未来　　4

1.1.2　盘点你能做的确定的事　　7

1.1.3　100% 认真地做确定的事　　12

1.1.4　下定决心，解决此生所有问题　　14

1.2　体力活做到位，人生乐开怀　　19

1.2.1　直接去做，认真地做　　19

1.2.2　生活中的体力活　　20

1.2.3　学习中的体力活　　23

1.2.4　阅读中的体力活　　24

1.2.5　做足体力活，做成事　　27

1.3 对"行百里者半九十"的 3 种解读   29

1.3.1 3 种解读方式   29

1.3.2 坚定且确定地把事情做成   32

1.3.3 持续稳定地做到   36

1.3.4 实践证明存在   39

1.4 真正"从知道到做到"   44

1.4.1 生活就是"从知道到做到"   44

1.4.2 用暗示，加速"从知道到做到"的过程   47

1.4.3 回忆式地想和创造性地想   49

1.4.4 先知道，然后重复做到   51

1.5 用心做"做不到的事"   54

1.5.1 时代发展，让我们把"做不到的事"做到   56

1.5.2 掌握正确方法，做到"做不到的事"   57

1.5.3 打败现实，才能成长发展   59

1.5.4 坚韧的品格和卓越的才能   62

第 2 章 深耕专业，时间复利的推进器   65

2.1 专业的特征，是长周期稳定   68

2.1.1 越专业，越稳定，越可预测   68

2.1.2　你始终拥有选择的自由　　　　　　72

2.2　选对大方向，努力不白费　　　　　75

2.2.1　大方向，是人生战略方向　　　　75

2.2.2　大方向，向外找　　　　　　　　77

2.2.3　确定大方向，坚定执行　　　　　79

2.3　保持谦卑，保持前进　　　　　　　83

2.3.1　持续重复基本动作　　　　　　　83

2.3.2　多做事，快做事　　　　　　　　85

2.3.3　给选择加上期限，给行动设定原则　87

2.3.4　把规划本身，放到规划当中　　　90

2.4　勤奋努力出奇迹　　　　　　　　　94

2.4.1　找到自己的主心骨　　　　　　　94

2.4.2　有目标才有努力方向　　　　　　98

2.4.3　写下遥不可及的目标　　　　　　100

2.4.4　努力实现你的目标　　　　　　　102

2.5　主动销售　　　　　　　　　　　　106

2.5.1　销售的核心是做人　　　　　　　106

2.5.2　积极主动地销售　　　　　　　　108

2.6　最好的积累，是创造作品　　　　　112

第 3 章　终生成长，时间复利的生产力　　117

3.1　人是环境的产物，积极创造环境　　120

3.1.1　这是最好的环境，也是最差的环境　　120

3.1.2　主动选择环境，积极创造环境　　122

3.1.3　创造性地改变环境　　125

3.2　对自己有要求　　128

3.2.1　对自己要求越来越高　　128

3.2.2　用积极的信念，重塑内在认知　　130

3.2.3　用积极的思维方式，转换视角　　134

3.2.4　用积极简单的语言，改变未来　　137

3.3　持续进步的动力　　142

3.3.1　发展基础上的生存线　　142

3.3.2　从"终生学习者"到"终生每日学习者"　　144

3.3.3　持续阅读，持续进步　　146

3.3.4　家长持续进步，孩子也会持续进步　　150

3.4　阅读，是成长的基本路径　　153

3.4.1　阅读，自学的必备能力　　153

3.4.2　阅读的关键，是用在生活中　　155

3.4.3　阅读创造精彩　　156

3.4.4　跟随文字穿越，突破思维边界　158

3.5　生活中的长久决定　163

3.5.1　更长久的决定，更长久的改变　163

3.5.2　随时可以做出改变　167

3.5.3　生活是一种艺术　172

3.5.4　"生活"是用来生活的　173

3.6　人生特定阶段　179

3.6.1　抓住觉醒时刻　179

3.6.2　提前规划人生特定阶段　182

3.6.3　把语写当作生活的平衡器　184

3.6.4　在语写中，书写未来　186

第4章　做好人生规划，时间复利的底层思维　189

4.1　未来就是回忆　192

4.1.1　正向理解自己每一天的时间　192

4.1.2　在脑海中构建未来　198

4.1.3　实现回忆中的未来　201

4.2　构建清晰的"未来回忆"　205

4.2.1　想象"今天的未来"　205

4.2.2 快速切换视角 207

4.2.3 想象长期的未来 210

4.2.4 构建你的人生影片 213

4.3 通过图书、影视作品理解时间 216

4.3.1 《永恒的终结》 216

4.3.2 《时间旅行者的妻子》 225

4.3.3 《时间规划局》 237

4.4 和时代一起发展 241

4.4.1 积极看待所处的时代 241

4.4.2 是投资还是消费，随社会发展变化 244

4.4.3 重视时间的投资和消费 246

4.4.4 做一个未来的投资者 248

4.4.5 全力以赴，获得幸福 251

第 1 章

做足体力活，
时间复利的基础

1.1 在不确定的时代，做时间轴上确定的事

1.2 体力活做到位，人生乐开怀

1.3 对"行百里者半九十"的 3 种解读

1.4 真正"从知道到做到"

1.5 用心做"做不到的事情"

1.1　在不确定的时代，做时间轴上确定的事

1.1.1　做确定的事，应对不确定的未来

在不确定的时代，唯一可以确定的是，未来不确定的事一定会越来越多，我们将始终身处变化中。那么，我们应该做些什么，以应对不确定的未来？

答案是：做确定的事。

从宏观视角不难发现，时代的不确定性过去也曾发生。100 年前，也是风起云涌的时代，100 年间，不确定性始终裹挟着普通人。一些经历过不确定时代的人，将自己的经历和经验记录下来，告诉大家如何应对时代的不确定性。比如，心理

学家弗兰克尔在走出奥斯维辛集中营之后，写下了《活出生命的意义》一书。从书中，我们可以了解到他是如何在艰难环境中活下来的，以及如何追寻生命的意义。

还有一些人埋头积累，专注于自己的事业。比如，普鲁斯特因为身体原因，从 1906 年开始闭门写作，1913 年，《追忆似水年华》的第一卷《去斯万家那边》出版。战争爆发虽然导致出版中断，但也给了他充足的时间修改、调整小说内容，其间，他将《追忆似水年华》从原本的三卷扩充到七卷。战争对他的生活和工作都造成了影响，但他在这段时间内持续创作，才成就了今天的长篇巨著。

弗兰克尔在《活出生命的意义》一书中说：

> 在任何特定的环境中，如果人类还有一种最后的自由，那就是选择自己的态度。

这"最后的自由"就是思想的自由，每个人都可以选择所听、所看、所想、所思，选择自己关注什么、不关注什么。你所关注的事情，最好是自己能做、想做，并且真的会去做的事情。能做、想做、去做，将这 3 个不同阶段串联起来的事情，就是你要力所能及地做到极致的事情。有一些事情，你力所不及，就不用做了。而对于力所能及的事情，如果你能做，50年后依然对你有益，现在就做，不要等以后。

人生中总有一些事情，不紧急但始终重要，它们并不会因为你不做就变得不重要，相反，在你做了以后，它们会变得更重要。比如，学习就是不紧急但始终重要的事——建立成长思维，保持终生学习的态度。不要问自己："明天要不要学习？后天要不要学习？"而要问自己："前天有没有学习？昨天有没有学习？今天有没有学习？"既然是终生学习者，你就要始终把"今天"作为人生的终点，回看过去自己是否认真学习了，而不是寄希望于"以后"。过去你都没有好好学习，怎么能期待以后会好好学习呢？

人的行为是随机的。一个人昨天没有学习，今天可能学习，也可能不学习，这是行为的随机性。你可以长期记录自己的学习情况，一旦觉察到异常，就可以知道自己把时间消耗在哪些事情上了，从而有意识地改变自己的行为：

昨天是否够好？今天是否需要更努力一点，再做好一点？

1.1.2　盘点你能做的确定的事

下定决心努力去做和真正开始做并且做到最好，是两回事，两者之间存在时间差。一些人懂得缩短时间差，当想做一件事、想做出一些改变时，他们会立刻行动，而不是等到以后再做。但大部分人不知如何应对这样的时间差。实际上，既然存在时间差，那么每当我们想做一件事时，就应尽量列出具体的行动计划，想象做的过程、做成的时刻。只要想象的画面足够清晰，具体行动足够明确，行动就会跟上想法，自然而然，我们就能把事情做成。

比如，明天有很多待办事项，要保持高效才能完成，你可以想象自己高效做事的场景，预想明天将发生的事情，这相当于在脑海中将明天要做的事情提前演练一遍。到了第二天，一切仿佛都已经发生过，你不会觉得陌生，也不会排斥遇到的困难或问题，做所有事情如行云流水。

如果想要提高阅读效率，你可以想象自己阅读的画面：

> 坐在书桌前，手中拿一支笔，打开一本书，一页页翻过，越翻越快，时不时地做一些笔记，书中的内容对自己非常有启发，自己一直沉浸在阅读中……

把这个画面深深地印在脑海中，当你真的坐在书桌前，翻开书阅读时，会有一种熟悉感，这个场景自己仿佛经历过许多次。由此，你会很期待眼前这本书能为自己带来启发和乐趣。

培养早起习惯也可以运用这种方法。在脑海中构建早起的画面：我是一个早起的人，早起后神清气爽，开始新的一天，可以做一些很棒的事情，如语写（语音写作）、阅读、写作、冥想、运动等，7 点准备早餐，和家人一起享受愉快的早餐时光，8 点开始工作，12 点结束上午的工作，吃午餐……

也许有人觉得早起太难了，想要选择不早起。在这种情况下，你可以先想象自己睡到自然醒是一种怎样的状态，把画面在脑海里构建清楚，然后选择早起或不早起。人生中有很多事情需要你做出选择，为了确定你能做的事情，可以在脑海中提前想象一下想要的画面。

但在单位时间内你只能思考一件事，不管思考速度有多快、频率有多高。当脑海中正在想一件事时，你很难再想另外一件事。

我通常建议把要做的所有事情列一个清单。如果只是在脑海中想所有事情，你就会忘记做很多事情。不管做什么，只要列一个清单，都极有可能帮你把生活中各个方面的事情理顺。哪怕自己暂时没能力做到的事情，都有可能因为被列在清单中，有一天竟然做到了。清单的作用在于帮你把注意力放在要做的事情上，让你的行动力得到提升，同时也能培养你完成清单任务的能力。

关于未来，有一件事情是可以确定的：你能做的事情，不需要等到"未来"才去做，应该"现在"就去做。把力所能及的事情做到极致，就可以应对未来。

在以后充满不确定性的日子里，哪些事情确定要做，你可以列一个清单，比如，明天早上起床后，我确定要做的事情包括健身、给喜欢的人发一条消息、读书、语写、做复盘、写梦想清单、查看人生规划进展到了哪个阶段、思考做什么能把目标推进、想想做什么能让自己进步，以及考虑这个清单是否需要再添加 3～5 项内容……我经常用列清单的方式盘点自己做到了哪些事情，还有哪些没做到。

目标一定要可视化，哪怕写几个字都可以。可视化也可以通过图片的形式将确定要做的事情呈现出来，如果有些内容无法用图片展示，或者找不到合适的图片，就把确定要做的事情用文字清晰地描述出来。

脑海中构建的画面和现实中的画面吻合，可能需要好几年，甚至几十年。所以，我建议大家把这辈子要做的事情都列出来，尽管有些事情可能需要 20 年，甚至 50 年才能做成，但写下来才能一直记得，一直朝着目标前行。

这种方法，我已经练习了 15 年，虽然有一些事情依然在完成的过程中，但是我相信随着时间的推移，这些还没有做成的事情，会慢慢做成，做成的事情会越来越多。至少从数据上看，我做成事情的数量已经越来越多。

以后会发生什么，你无法确定，但你可以把自己目前确定能做的事情全部列出来，力所能及地做到极致。慢慢地，能力范围之外不确定的事，也会因为你把确定能做的事情做得越来越好而变成确定的事。所以，清单中有一些事情，当时可能没有能力处理就暂时搁置起来。多年后，随着能力的提升，这些事情在你的能力范围之内了，你就可以把它们拿出来做成。剩下一些极少数事情，始终处在变化中，你一直无法采取行动，就可以不用管。世界上一定有一些事情，是你力所不及的。

每个人对"长期"的理解不同，有的人坚持 21 天做一件事，就认为是长期；有的人认为是 3 年；有的人认为是 5 年。

对我来说，一件事持续做 50 年，才算是长期。当你认为一件事不值得自己做 50 年时，可以选择不做。但你需要思考：10 年或 20 年后，是不是要找一件新的事来取代这件事。比如，培养一个习惯，如果这个习惯只能坚持 10 年，那么 10 年后你要重新培养另外一个习惯。这意味着在 50 年内你要培养 5 个习惯。如果这些习惯带来的好处能影响 50 年，那么从长期来看，这些习惯就值得你花时间养成。

保持长期习惯，还可以享受到时间复利。时间复利是指投入的时间，可以长期持续不断地带来价值。在利率固定的情况下，时间越长，复利效应越大。在年轻时，你要认真挑选出值得做 50 年的事情。哪些事情值得做 50 年呢？

一定要锻炼自己，在 50 年的时间长度上思考这个问题。这是为了确定你所做的事情是"真的有价值"，不是"可能有价值"。**我们要的是确定性，不是可能性。**"真的有价值"的事情在你出生前，就有价值；在你生活的时代，就有价值；甚至在 100 年后，依然有价值。无论时代怎样变化，值得做的事情的内在本质都不会变。根据这个标准，找出一些可能要做的事，认真挑选，确定要做的某件事。

1.1.3　100% 认真地做确定的事

语写，是通过说话的方式来表达思想，将思考的内容快速转换成文字。语写是我原创的创作形式，在此之前没有出现过这样的创作形式。我可以确定的是，一个人对表达内在思想、进行深入思考、记录重要时刻和日常生活、抒发情绪、构建良好人际关系的需求，以及培养用文字创作留下生命痕迹、对未来产生影响能力的需求，是始终存在的。哪怕他不用语写，而是用笔写，用键盘打字，也是为了满足这些需求。相比较而言，语写是一项技能，也是一个工具，掌握它，你可以把每天脑海里的想法说出来，看见自己写出来的文字，确定自己当下是不是活得比以前更好。

学习一项技能，逐渐熟悉之后，很多人可能变得不够认真。在语写中，你也要注意这种情况。如果每天花 1 小时语写都不够认真，那么有没有可能在其他时间段做其他事情时，也不够认真？ 1 小时，约占一天的 4%。如果在 4% 的时间内做事不认真，在剩余 96% 的时间内做事是否能认真呢？认真并不意味着一定要把某件事做到 100% 圆满，关键在于现在做得有没有比之前好一点，哪怕今天没有做到最好，也至少不要比昨天差，要能保持稳定的水准。

在做任何事情时，只要抱有 100% 认真的态度，能力、效率这些都可以通过训练提高。每次做这件事，都要像第一次训练一样对待，保持练习的状态。不要认为做得差不多就可以了，要 100% 认真地做确定的事。不管过去是训练了 100 天，还是 1000 天，今天都要 100% 认真地对待。

在语写中，速度、准确率、分段、用词都是重要因素。其中，速度最容易成为关注的重点。速度是衡量单位时间内语写是否高效的标准之一，但绝不是你唯一的追求。在语写过程中，要保证发音准确，吐字清晰，语写 App 才能准确地将语音转换成文字，正确地表达你的思想。想要达到整体效率最佳，每个发音都要到位，每个文字都要注意。这意味着，你可能要牺牲一部分速度。就像开车，必须保证安全，在此基础上加快速度，是可以的，但只追求速度，忽视安全，后果非常严重。

我们都希望自己每天认真生活，也希望能被关注，文字也是。文字是有生命力的，语写的文字同样有生命力。这种生命力恰恰是我们赋予的。只要你足够认真，文字就能完整、清晰、准确地出现在手机屏幕上。如果你不够认真，转换出来的文字可能错误连连，有时候"缺胳膊少腿"，丢字漏字；有时候李代桃僵，本该出现的字没有出现，变成了其他字……你应该 100% 认真地对待语写时的每一个字。认真的习惯被培养起来以后，也会影响生活的其他方面。

做任何事都要花时间，时间就是生命，因此我们是在用生命做每件事，用生命睡觉、用生命工作、用生命吃饭、用生命语写、用生命阅读、用生命运动、用生命休闲……用对待生命的态度对待每件事，你还能不认真吗？在不确定的时代，你可以做什么？认真对待能做的每件事，力所能及地做到极致。认真，是一种习惯，可以培养，也一定可以做到。

1.1.4　下定决心，解决此生所有问题

用现在已有的能力，去应对以后才会发生的事情，是可以做到的。对此一定要抱有坚定的信念：

> 我不知道以后会遇到什么样的问题，但此刻，我下定决心：今后即使遇到再大的挑战，我也会积极主动地面对，全力以赴地迎接挑战，绝不逃避。我相

信自己可以解决，也一定有能力解决那些问题。

不要等到事情发生时再说"我要下定决心解决它"，而要在事情发生之前，就下定决心，把事情解决。一旦下定决心，就意味着我们可以解决人生中遇到的大部分问题。未来遇到的问题和困难，我们都会有解决方案，因为方法总比问题多。即使不能立刻解决，也只是暂时没有找到方法，不代表没有解决方案，我们只要不停地找，不断思考，就一定能得到比问题多得多的答案。

但在生活中，没有解决的问题永远占大多数。就好比在世界上，你不认识的人永远占大多数。"永远"这个词，是用来提醒我们不要无止境地追求解决所有问题，没有人能做到这一点。在能力范围内，我们能解决的问题，比想象中多得多。所以，我们不需要解决所有问题，只需要解决能解决的问题，这一点很重要。

互联网时代，当遇到问题时，我们可以求助于同龄人，也可以求助于比自己更优秀的人，还可以求助于历史上优秀的人，看看他们是否曾遇到过类似的问题，是否已经解决这些问题，是否有值得借鉴的经验。

比如，如果你觉得自己的阅读能力需要提升，可以去看
《如何阅读一本书》。这本书首次出版于 1940 年，把阅读方法
讲得非常透彻。掌握阅读方法，在阅读中反复训练，能极大地
提升阅读能力。

- 阅读小说带来的最大的收获，往往是我们在阅读它的时
  候，可以走进小说中的世界，体验小说中的人生。小说
  中的世界和人生，也许我们无法在生活中接触和体验
  到，但作者构建了这样的存在，在某种程度上可以拓宽
  我们对世界的认知。

- 传记，则有所不同。因为我们一开始就知道，传记的主
  人公是真实的人，故事是真实存在的。当阅读传记时，
  我们就会思考：他能做到，我能不能呢？这个问题他已
  经解决了，我可以直接迁移他的解决方案吗？我是否可
  以借鉴他的解决方案？或者有没有新的解决方案？

每本书包含的信息是不一样的，给每个人的启发也是不一
样的。有的书，我们读过可能就忘了；有的书，我们只读一遍
就能有深刻的印象；有的书值得我们读很多遍，并且把书中的
知识应用到生活中。

比如，休谟的作品，我只读过一遍，但深受启发。

如果你想构建一个伟大的建筑，在修建过程中，无法和别人解释它将被建成什么样，那么不会有太多人关注修建中的建筑，也不会有人关心修建的过程。即便有人关注，可能也看不明白建筑建成后会是什么样。但这个伟大的建筑建好之后，大家会发出惊叹：哇！原来它是这么伟大的建筑。

做个类比，你为了培养一个习惯而坚持做一件事，开始其他人无法理解这个习惯有什么意义，也不明白你为什么要做这件事。但当你持续做了 20 年、30 年，甚至 50 年后，哪怕不认识你的人，在看到你坚持了这么久后，都会来称赞你：真棒！能坚持做一件事这么长时间！

我们在培养习惯的过程中，身边的人会说"没有进步，越做越乱"等。这是因为一个伟大的建筑需要时间来修建，周期长，修建过程中建筑还没有成形，所以工地看起来比较乱。如果你确定这个习惯要持续 50 年，就不会在意其他人所说的话。这个过程只有你一直参与，其他人可能陪你走一程，极少有人会陪你走完全程，他们在你的生活里来来回回，只能看到某一段的变化。等你真正成长起来，等伟大的建筑建成，认识或不认识的人，都会对你发出赞叹。

做一件事，持续时间越长，越不用在意周围人的看法，而做好以后，可能影响当下，甚至影响整个时代。

1.2　体力活做到位，人生乐开怀

1.2.1　直接去做，认真地做

如果认为自己努力去做了一些事情，却没有获得相应的成果，那么原因可能和能力没关系，和资源也没关系，而是该做的事情没有做到位。对于这些事情，我们不是直接去做，而是花很多时间想"做还是不做"。实际上，撸起袖子去做，一些看起来有难度的事情通常都可以做到。不管做什么，体力活一定要做到位。我们不应该一直想怎么做，而应该直接去做，每天认真地做，人生的状态会好很多。

想通过语写说些什么，不如直接去语写；想怎么阅读，不如直接翻开书去读；想写什么文章，不如直接去写；想直播什么内容，不如直接开播……想做任何事情，直接去做，所能收获的成果会大很多。

　　与其一直想"我要做什么"，不如看自己立刻能做什么。哪怕只是一个小小的行动，把事情向前推进 0.1%，你也会发现原本想得很多，觉得这样不行、那样不行，只要转化为体力活，直接去做，多做一点，就可以做成事。

　　如果你一直纠结于要不要做，就直接去做，在做的过程中，可以随时调整、改进，也可以随时停下来。比如，做直播就是一个体力活。只要你去做，就能做到。有人说："我是可以做，但没人看怎么办？"花时间去做，是你对自己的要求，别人看不看，是别人的事。体力活，要亲自去做，用的是自己的体力，和其他人没有关系。按照自己的状态，立刻去做。

1.2.2　生活中的体力活

在日常生活中，很多事情都是体力活。

- 语写是体力活。与其思考能不能写到 1 万字，不如直接开始写，就从"我能不能写到 1 万字"开始，自然就能达成你想要的结果。脑海里的问题，比如如何写好、什么时候写、在哪里写、要不要挑战极限等，想再多、想再久，你都不会有收获，写出来才有收获，写出来才能达成你的训练目标。

- 写作也是体力活。作家倪匡写作的最快纪录是 1 小时 4500 字。有几年时间，他一天要写 2 万字，同时为 12 家报纸写长篇连载。而且，他是笔写完成写作的，并不像现在有些人通过打字或语写完成写作。一个人每天写 1 万 ~ 2 万字，且持续多年，体力是基本保障。

- 阅读也是体力活。有兴趣的话，你可以尝试一天阅读 4 ~ 5 小时，在阅读的过程中，还可以把书真正"读"出来，以及把书中的内容转化为具体的行动。这都需要脑力和体力。

- 找对象也是体力活。找对象，无非见过的人多了，正好碰到合适的人。如果我们在认识一个人后，只见了一次面，聊了半小时，那么哪怕这个人和你是天生一对，最后成功的概率也很小。

不要想那么多，直接去做。碰到问题和困难，就去看哪些可以直接转化为体力活，把体力活做到位。不要想结果到底是什么，而要看自己为了取得结果，是否付出了足够多的努力。

种下一棵树，是不是一定会结果？不一定。种下10棵树呢？结果的概率会大很多。所以付出的努力足够多，才会获得确定性的结果。一开始，不要问自己能不能做到，而要树立坚定的信念：一定要做到。由"一定要做到"反推，做多少事情，付出多少努力。如果只做一件事，取得确定性结果的概率只有30%，那就做3件事，争取让概率达到90%，做10种准备，让概率超过100%。

比如，你在找工作时，投1份简历和投100份简历，哪一种方式找到工作的概率更大呢？答案一定是投100份简历，其中的道理不言自明。很多时候，我们会在应该短期完成的事情上花很多时间，在应该长期完成的事情上却花很少的时间。比如，找工作和找对象，很多人把应该长期和短期完成的事情弄反了。

一份工作，对于大部分人来说能做3～5年就很不错了，能做到10年以上的占少数。相反，大部分人在换工作时，会花很多时间写简历、投简历、应聘。

婚姻是需要长期经营的事情。大部分人在结婚时，都希望和对方白头偕老，这个时间周期可能超过 50 年。然而，很多人在结婚前不愿意花时间去找对象，既不肯花两小时去认真思考自己想要找一个怎样的对象，也不积极主动把自己的择偶条件告知足够多的人，甚至不愿意花时间和对方见面、聊天。

1.2.3　学习中的体力活

学习新知识，掌握新技能，要关注基础和本质。做事的基础是把体力活做到位，学习的基本方式是阅读，本质在于理解文字。不管做什么，要取得飞跃式发展，都要透过现象看本质，文字的本质是它承载的内容。文字可以流传很久，比如，2000 多年前的经典，我们依然在阅读。

学习文字是成长的基础。我们在学习的过程中，要掌握两种能力：一是看到文字，读懂它表达的内容；二是运用文字，把抽象的思想精准描述出来。也就是常说的阅读和写作。

学习需要我们从外界接收信息。人们接收信息的方式大体可以分为两种类型：听觉型和视觉型。这两种类型受先天因素影响，需要经过长期训练。比如，大部分学生上课，训练的是听觉能力，有的老师为了锻炼学生，还会要求学生只听课，不记笔记。这段时间视觉能力训练得比较少。

　　长大后，我们根据自己的学习状态，既可以听，也可以看，自由选择。如果想确定自己是听觉型的还是视觉型的，我们可以花一段自由时间进行测试。这段时间必须是完全自由的，既可以听也可以看。观察自己在学习的过程中，花时间最多的方式，注意力最集中的时段，是在听还是在看，这样就能确定自己是听觉型的还是视觉型的。只有弄清楚自己的优势，才能好好发挥。

　　有人会疑惑："为什么一定要自由时间呢？通勤时间不可以吗？"当乘坐交通工具时，听觉不会受到太多干扰，视觉却经常会被干扰，我们会不自觉得关注周围。有时候，我们自以为擅长的一件事情，是在非自由状态下才能做的。但当在自由状态下去做这件事时，我们的认知可能会改变。判断自己是不是听觉型的，可以看看自己在通勤时间学习时，视觉能力发挥是不是经常受限，而惯用听觉。这就好比有的人觉得自己喜欢被约束，但在自由状态下创造出更多价值之后，才发现自由对自己的重要性。

1.2.4　阅读中的体力活

　　阅读重要吗？

大部分人会回答"很重要"。不同的人通过读不同的书，形成自己的世界观、行为方式和思维模式。

既然阅读很重要，我们是否做到了每天都阅读呢？

很多家长希望孩子养成阅读的习惯，自己却不读书。当孩子不读书时，家长会着急、焦虑，放到自己身上，却认为不读书是很正常的现象。读书对象不分孩子或成年人，如果认为阅读重要，我们就应该每天阅读。想培养孩子的阅读习惯，先培养自己的阅读习惯，把阅读的种子植入内心，把阅读习惯融入生活。

阅读，是一个长期的体力活。没有人能保证只读一年书，就可以建立知识体系，就可以大有作为。我们都知道教育孩子要有足够的耐心，但当自己做事时，大部分人没有耐心。比如，读完一本书，就想马上获得一种能力；学完一门理财课，就想马上变现……

有人会问："我都读这么多年书了，现在再读一年，是不是一定能有所收获呢？"是的，前提是这一年是在原来的基础上进行叠加的。

有些书值得反复读，甚至值得逐字逐句地读出来，在这个过程中，你可以录音，不停地听自己的声音，感受书中的文字。我曾把德鲁克的《卓有成效的管理者》一字一句地读出来并录音，把录音听了很多遍。用这种方法读完一本书大约需要3～6小时。读的时候，可以读出重点，可以添加关键字，加重读那些给你带来启发的内容。尽量一次读完，读错就读错，不要回读。读完之后，你会发现自己对这本书的看法完全不一样了。读完两三本书之后，你对读书这件事的理解也会更深刻。

你不会的、想精进的、想提升的知识或技能，都会在某本书中讲得比较全面、清楚，你要做的就是找到它。当你找到它后，按照书中的解决方案去做。不用一模一样，做到80%～90%，就已经很厉害了。

在读完一本书后，你最好能写下一些具体可执行的行动，并且马上去做。比如，财富类书籍几乎都会提到链接人的重要性。读完之后，你可以给自己定一个任务：

在某个时间段内，链接 ×× 人。

将任务列入清单中，开始执行。很多人在阅读之后，还会进行"深加工"，如记笔记、画思维导图、发表书评等。这些都能加深我们对一本书的理解，也都属于体力活。

1.2.5　做足体力活，做成事

一件事能做成，一定是因为符合基本规律。如果没有做成，就很可能是因为违反了某些规律。竹子种下后，初期生长速度极其缓慢，3～4 年可能只长几厘米。到了第 5 年，它会以每天几十厘米的速度疯狂生长。如果在第 3 年，我们把竹子的根砍掉，那么它还会在第 5 年快速生长吗？联想到我们自身，如果在一个领域做了 3～4 年，感觉没取得成果，在第 5 年便换了一个领域，那么我们还能像竹子一样，拔地而起，获得很大的成就吗？

做足体力活，是指像竹子一样在一个地方深深地扎根，在一个领域持续深耕，而不是在一个领域做 3～5 年后，又换一个领域做 3～5 年。取得成果最重要的保证是持续深耕，并且周期必须足够长。

如果给我 10 年时间，那么我会在一个领域深耕，而不是10 年换 10 个领域。如果深耕的这个领域可以分为两个方向，那么我也会尽量让这两个方向是相辅相成的。比如，阅读、写作属于一个人成长过程中的基本路径，一个输入一个输出，一个是养分一个是水分。两者形成循环，谁也少不了谁。我们要做的就是给自己足够多的输入和输出，做足够多的循环，尽可能地加快速度，加大体量，在一个领域深耕。扎根足够深，基底足够深厚，慢慢就成长起来了。

做足体力活，事情做成的确定性就非常大。在做事的过程中，我们要的是 100% 的确定性，而不是可能性；要尽可能保证确定性，而不是可能性。当别人问你这件事是否可以做完时，你说："放心交给我，100% 完成。"别人自然很喜欢和你合作。

工作也是如此。当你应聘一份工作时，公司肯定希望你100% 确定可以胜任这份工作。如果你展现的实力让公司认定你只是可能适合这份工作，那么入职后你的薪资起点不会高。如果你足够专业，只要是专业领域内的问题都可以解决，那么公司肯定愿意高薪聘用你。

对于我所提供的语写服务、时间记录服务、阅读服务等，一些用户购买的主要原因在于这些服务迭代升级的确定性。哪怕现在不是很完美，但这些服务一直在迭代升级。不断进步也是一种确定性。

1.3　对"行百里者半九十"的 3 种解读

1.3.1　3 种解读方式

"行百里者半九十"，有 3 种解读方式。

第一种是，完成一件事的难度，前面的 90% 占一半，剩下的 10% 占一半。

做一件事，什么时候才算做到一半？答案是完成 90%。未完成前，尽量不要放松，尽管已经完成了 90%，但接下来的 10% 完成起来依然有难度。有些人当看到事情已经完成了 90% 时，容易放松，认为剩下的 10% 自己能轻松完成。实际上，最后的 10% 完成难度更大，甚至需要花更长时间才能完成。

如果你做过平板支撑，对此会有更深刻的感受。假设做平板支撑 1 分钟，开始基本不会觉得吃力，到 50 秒之后，会有些吃力，最后 6 秒，胳膊开始发抖，越接近最后的时间抖得越厉害。坚持最后这 6 秒的难度，比坚持前面 54 秒的难度更大，这就是"行百里者半九十"。做一件事，剩下 10% 的难度比前面 90% 的难度更大。想要真正完成一件事，一定要坚持到底。

第二种是，定一个更远大的目标，做成更多的事。

在设定目标时，定一个更远大的目标，这样才不会浪费自己的能力。

以跑步为例，假设将目标设定为 10 千米，你跑完 9 千米后，认为剩下的 1 千米自己不用太努力就可以完成，身体上和心理上都放松了，慢慢悠悠地才跑完。尽管你完成了 10 千米的目标，但你的真正实力并没有发挥出来。

如果目标是 100 千米，到 90 千米时，你并不会马上放松，因为接下来还有 10 千米，是比较长的一段距离，继续努力，才能抵达终点。最终也许你只完成了 99 千米，但相比于只跑 10 千米，你已经多跑了 89 千米。

　　换句话说，当以实际能力可以跑 99 千米时，你只定下跑 10 千米的目标，尽管目标可以完成，但跑 89 千米的能力没有发挥出来。这是一件很可惜的事。

　　第三种是，坚定地达成目标，100% 达成。

　　坚定地达成目标，指的不是单纯地朝着目标方向去做，而是要 100% 完成目标。做一件事情，用一半时间，完成目标的 90%，用剩下的一半时间，完成剩下 10% 最有难度的部分。

　　也就是说，假设定了一个年度目标，那么要在当年 6 月 30 日之前，确定性地完成目标的 90%。不管你的目标属于什么类型，需要什么资源，在上半年都要拿到全部资源，完成 90%，在下半年完成剩下的 10%，同时准备明年的 90%。换句话说，提前半年把接近 90% 的任务完成，7 ~ 8 月进行收尾，在剩下 4 个月的时间内为明年做准备。今年提前开始做准备，明年上半年完成 90% 目标的概率会大大提高。

　　如果按照"行百里者半九十"的原则进行训练，提前准备、做好计划、按照规划行动，你就不仅仅是为现在做准备的人，而是"活"在未来的人。在过去为现在做好了准备，"现在"在过去就已经确定,"未来"从现在开始发生。所做的事情在过去就已经做好了准备,现在只需静待开花结果。就像平时吃早餐,并不是一边准备早餐一边吃,而是在过去做好了早餐,现在才坐下来吃。这就是在过去为现在做准备。

最理想的状态是,8 月 31 日已经完成当年一年的目标,在 9 ~ 12 月为明年的目标做准备。在此后的时间轴上,你几乎都可以走在人生的前面,走在时间的前面。

1.3.2　坚定且确定地把事情做成

要坚定地把事情做成,而不是"可能"把事情做成。不要可能性,要确定性。

假设到了一定的年龄,一个人开始考虑是否结婚,为了把这件事做成,不要有可能结婚或不结婚的想法,而要确定自己要结婚。这种"确定"要做的事不是简单的事,不能在两三天内轻松完成,所以要尽可能提前做准备。最好能明确完成时间,是今年完成,还是明年。

确定性不会自然到来,需要努力追求。以跑步为例,你计划跑 10 千米,跑到 9 千米后,接下来可能跑完剩下的 1 千米，也可能停下来，跑不完 10 千米。这种情况叫可能性。而确定性，意味着这件事一定要做成，100% 做成，而不是可能做成、计划做成。

假设距离达成一个目标的日期还有一段时间，但你发现时间太短，自己很可能达不成目标。为了保证达成目标，你可以调用大量的资源，或者进行资源置换，或者用钱换时间，总之，想尽一切办法达成目标。重要的不是你花了多少时间完成了这件事，而是在做事的过程中，要确定自己 100% 一定能达成目标。

在日常生活中，你要把自己可以坚定且确定地做成事情当成一种基本方法。当你确定可以做一件事情时，就不要停留在可能的层面，一定要 100% 地确定。

"行百里者半九十"，有以下 3 个前提。

- 第一，要有一个明确的目标，并且这个目标不能太小。

- 第二，把事情做成，不是可能做成，而是确定做成。

- 第三，在做事的过程中，完成目标的 90% 才是完成一半，剩下的 10% 难度更大。有了这个认知，你做成事的概率会更大，因为你会给剩下的 10% 投入 50% 的时间和资源，尽可能减少失误。同时提前为下一个目标做准备，走在时间的前面。

过去如何不重要，重要的是可以随时开始，开始的时间可以是某一年中的任意一天，你可以随时创造自己的开始日。你的生日、纪念日、特殊节假日，都可以作为计划的开始日和结束日。某一天，对别人来说是普通的一天，而你赋予它意义，对你来说就是特殊的一天。假设今天刚好是你的生日，过完生日，就可以开始为明年的生日做准备。我们准备的不是实物，而是明年的今天，回顾过去一年自己做了些什么事情、成长了多少、进步了多少。

把"行百里者半九十"这一理论应用到人生旅程，为未来做准备，为老年生活做准备，意味着要在 60 岁之前赚到人生所需开销的 90%。不管是转换为能力，还是转换为资产，都要达到这个比例。

转换为能力，是指 60 岁之后还有收入，这部分收入是非常稳定的资金流入，如退休金、保险、版税收入等。转换为资产，是指利用房产、股权、基金等资产，让自己有稳定的资金流入。比如，在年轻时，为了方便工作，在市中心购房，也生活在市中心。退休之后，不用工作，社交减少，搬到郊区，这里环境更舒适、适合养老。市中心的房子是资产，如果租出去，则可以有稳定的租金收入，这就是转换为资产。

通过能力和资产的转换，不断为未来做准备，创造未来生活。假设人可以活到 100 岁，在 60 岁退休时，离 100 岁还有 40 年。在 60 岁之前赚到人生所需金钱的 90%，剩下的 10% 在 60 ~ 100 岁期间赚到，相当于用人生大约 60% 的时间，赚到所需金钱的 90%。

把"行百里者半九十"这一理论用于目标拆解，一种方法是当时间已过去 50% 时，你要完成目标的 90%，为了达到这个标准，你可以把目标具体分解到每一天要完成多少量。另一种方法是压缩时间，把 1 个月当成 3 个月来过。

比如，一个年目标，6 月 30 日之前完成 90%，剩下的 10% 在 8 月 31 日前完成。把剩下的 4 个月，也就是 9 ~ 12 月当成一年来过，这样 1 个月等同于 3 个月，在 1 个月内要完成 3 个月的目标量。原来一个任务计划需要用半年时间完成，如果从 9 月开始，就要到第二年 2 月完成。现在把 1 个月当成

3 个月，就意味着要在 10 月 31 日前完成。

举个例子，写一本书，假设现在是 9 月，计划明年 6 月 30 日交稿，期间有 10 个月，大部分人不会立刻开始写，会用 2 ～ 3 月查资料、做准备，一般到明年 4 月才正式开始写作。极少数人会觉得明年 6 月 30 日交稿，时间很紧，并从 9 月开始，每天拼尽全力去写。

如果你按照"行百里者半九十"的理论，把 1 个月当成 3 个月过，就相当于 9 月要完成 11 月的进度，10 月要完成明年 2 月的进度，11 月要完成明年 5 月的进度，接下来的 12 月肯定能交稿。把时间体验推进到极致，走在时间前面，提前完成任务。在剩下的 6 个月的时间里，你可以对书稿做优化。

"好好赚钱，好好改变"是很多人的口头禅。如果打算明天改变、下个月改变、明年改变，不如现在就改变，为明年的现在做准备。想做的事情就应该立刻去做，付诸行动，把想法变成确定性的存在。

1.3.3　持续稳定地做到

持续稳定地做到，是语写训练的基本要求。从培养习惯的角度来说，持续稳定地做到，也是培养一个新习惯的必要条件。

在日常生活中，你最喜欢做的事情是什么？大概率是做自己熟悉的事，也就是待在舒适区。一件事情做久了之后，你会很自然地进入舒适区。如果想要成长，或多或少就要在舒适区之外做事。在这种情况下，持续稳定地做到，是指把不太会做的事情变成会做的事情，把做不到的事情变成能持续做到的事情。

换句话说，要不断地探索自己不熟练的技能和不熟悉的领域，通过学习和实践，把它们慢慢地变成自己熟练的技能和熟悉的领域。学习很多技能都会有这样一个过程，如游泳、弹琴、跑步、骑自行车、开车等。

以学骑自行车为例。在学骑自行车的时候，我们常害怕自己会摔倒。但我们需要知道的是，学骑自行车多多少少是会摔倒的，这是必须经历的过程。我们心里要有预期：

> 学骑自行车是想要骑好，骑车到想去的地方。越害怕摔倒，越感觉不会，越不踏实，越无法掌握这项技能。

实际上，摔倒后我们会发现，仅仅会受点伤，但不会太严重。有过这种经历后，我们爬起来继续学习，通常会顺畅很多，因为最坏的情况已经发生了，我们也就不怕了。

事实上，在学习技能时，如果遇到困难和问题，只要我们肯先花一些时间克服、解决，再继续学习，直到保持稳定，最后就能真正学会。

学习任何技能的过程都大抵相似，如果在学习一项新技能时始终无法掌握，就回头看已经掌握的技能是怎么掌握的。如果为了掌握一项技能，把能力发挥到了极致，掌握后也可以回过头来看，就有可能提升原有的能力。持续稳定地做到，可以把原本很费力才能做到的事，变成日常能轻松驾驭的事。

学习技能或培养长期稳定的习惯，能否持续稳定地做到，大致有两种情形：一种是以自我为中心，可控性比较高，其中个人品质是关键因素；另一种是以环境为中心，可控性比较低，个人容易受到影响。当做一件事时，我们最好能完全以自我意志为转移。如果这件事做或不做，都完全由"我"把控，且"我"能自主完成，不需要依赖外界，那么这件事持续稳定做成的概率会更大。

如果我们做一件事必须要外界的配合，就要协调好外界的影响因素和自身因素，进而持续做这件事，但很少有人能持续做很久，因为外界影响因素的变动比较大。

可以把事情做很久的人，大都是养成了习惯。哪怕环境再不佳，只要保持相对稳定的行为习惯，就可以让自己的生活变得更好。

持续稳定地做到，是一种品质，它能够让我们应对未来的不可知。当下社会也越来越需要这种品质。我们要心怀期待，相信未来会更好，也要学会如何应对最坏的情况，把风险考虑清楚，并且为之做好准备。持续稳定地做到，也是在最坏的情况下还能把事情做到的能力。

1.3.4　实践证明存在

有些事，我已经连续做了 10 年，有人问为什么可以持续做？因为我在真正开始做这些事之前，从来不是想"具体怎么做"，而是思考"要不要做"，要么不做，要么就不带情绪，直接去做。一件事，如果相对长期，那么在做的过程中，我会感到枯燥，会遇到各种状况，会碰到各种问题，但我还是会持续做，为什么？因为这不是一件可做可不做的事，而是一件我要持续稳定地做到的事。

持续稳定地做事，不是想做就做，不想做就不做，不是没有碰到问题就做，碰到问题就不做；而是不管有没有碰到问题，不管自身状态如何，都必须做，都必须想尽办法完成。

做事之前，一般应做个规划。这时候要想清楚，自己到底能不能持续稳定地做这件事。一旦定下规划，就直接做，不要犹豫。比如，培养习惯。如果一个习惯，你已经持续稳定地坚持了 3 年，它就是可以坚持一辈子的习惯吗？不一定。我们拥有一个习惯很长时间，但并不意味着一辈子保有这个习惯。只有真正一辈子坚持这个习惯，从未中断，才能说这是一辈子的习惯。这就是实践证明存在。

实践证明存在，前提是我们做事不能凭感觉，一定要有事实依据，要尽量去做那些以客观事实为依据的事情。有的人在培养习惯时会说："我好像找不到做这件事的意义。"有这样问题的人，是凭主观判定一件事值不值得做，而不是根据数据。

开始做事之前，你就要考虑清楚这件事值不值得做，既要充分考虑自己的感受，也要充分征求周围人的意见，最终确定下来。如果值得做，开始之后你就要不带主观情绪，直接去做，只关注事实。这种方式能极大地提高你做事的行动力。

最怕的是事情做到一半，你突然思量这件事到底值不值得做。然而，事实已经发生，决策已经做出，接下来所有的行动都必须基于已经做出的决策。哪怕重新选择，改变行动，也和过去做出的决策有直接关系，不能否认它的存在。比如，中午吃饭时间，你选择了一家餐馆，结果饭菜不合口味，于是你怀疑自己是不是选错了餐馆。这时，你可以选择继续吃完，也可以选择离开，找一家新餐馆。但选择这家餐馆的这个事实已经不能改变，你需要为这个选择买单。

实践证明存在，是指当事实发生时，100% 用数据证明它的客观存在。这个数据是客观的，是恒定不变的。任何人都可以通过数据判断一件事是否真实发生过。比如，语写每天会统计创作者的完成字数、完成时间、语速等数据。通过查看数据，大家就可以知道创作者的语写情况。不管看的人和创作者有没有关系，都会根据客观的数据来判断。在语写的过程中，创作者会联想一些问题，会有情绪波动，会有一些感受，这些可能会影响最终的数据呈现，也可能不会影响。不能以主观感受作为衡量标准，而要以客观数据作为衡量标准。

尽量以客观数据来衡量自己做出的成果，包括目标是否达成、行动是否高效、事情是否做到等。虽然不以主观感受作为衡量标准，但主观感受会影响我们的表现，影响最终的数据。因此，我们也要时刻觉察主观感受发生的变化，可以通过冥想等方法迅速调整状态。

还有一种快速有效的方法是，学会提出正确的问题。给自己提出问题，想象自己想要的画面，使其清晰具体地呈现出来。想象不是虚无缥缈的幻想，而是设立一个准确的目标，带着强烈的渴望、坚定的信念把它变成现实。

把想象变成现实，是有可能的。在我的生活中，这样的事情发生了一次又一次。开始我只是想象自己做一件事情，最后通过我的努力，真的做成了想做的事情。

当用客观数据衡量自己当下的状态时，我们会自然地对自己的状态进行评估。比如，一个人由于月收入较低，经常说："我感觉状态不好。"客观上来说，他的身体是健康的，大脑也在思考运转。当我打算用 100 万元买他的双手时，相信他一定会选择自己的双手，而不是 100 万元。从这个角度，双手的价值超过 100 万元。想到这里，他的状态是不是马上就好起来了？

又如，有的人的烦恼只值 100 元，因为他烦恼的是要不要买一个价值 100 元的商品。如果买，这个烦恼就没有了；如果不买，过段时间他的注意力会被转移，这个烦恼也可能随之消失。生活中有很多诱惑，为了避免我们的注意力被这些诱惑吸引，我们要尽可能有意识地让自己聚焦在更有价值的事情上，创造属于自己核心本质的价值观，长期引导自己做重要的事情。

人和人之间的差距，并不在于能力的大小，而在于能否重复使用自身已有的能力去创造价值。两个人中，一个人的能力属于 A 级，另一个人的属于 B 级，虽然起点有差距，但是决定他们谁先到终点的关键因素不是开始具备的能力，而是在从起点到终点的过程中，他们是否充分发挥出了自己的能力。

虽然能力是在力所能及的范围内发挥的，但在达到一定程度后，我们可能进入平台期，进步速度会变慢。过度发挥能力，也并不一定可以使自身能力获得提升，但一定要保持练习。只有保持练习，才可以提升能力。

1.4　真正"从知道到做到"

1.4.1　生活就是"从知道到做到"

你小时候收集过名人名言，并应用在生活中吗？

我第一次知道有名人名言，是在上小学时。当时，一位老师问我："剑飞，你记得多少名人名言？"我由于完全不了解名人名言，只能摇头。后来才知道，名人名言不仅能让我们知道一些道理，还能在关键时刻提醒自己。于是，我收集了大量的名人名言。2010 年，我每天开始抄写名人名言送给自己。多年后，我还把其中一些分享到语写社群中。

阅读的书越来越多，知道的道理也会越来越多。无论是名人名言中的道理，还是书中的道理，"从知道到做到"，都有一个过程。有的道理我们虽然很早就知道了，但并不一定能做到。

比如，我开始写日记之前，读过很多关于写作的书，其中一本给我留下了深刻的印象，书名是《晨间日记的奇迹》，作者是佐藤传。他在书中说自己花了 13 年在晚上写日记，后来又花了 12 年在早上写日记。在晚上写，很多内容像是反省；在早上写，日记内容更积极、正面。我通过这本书知道的道理是：

> 在早上写作，对一个人的情绪、写作状态及整个人生状态有积极正向的影响。

从那时候开始，我决定在早上写日记，并付诸实践。后来，我在早上用语写来写日记，同时也提倡学员在早上语写。

我在《极速写作：怎样一天写 10 万字》这本书中提到：

> 大量写作场景的构建，有助于我们培养写作习惯，当习惯全部确定下来之后，就只做一件事，即把知道的直接做到，不用再去过多摸索。

　　培养写作习惯时，我花了大量时间构建写作场景。在此期间我更换过很多键盘，直到后来买到一个静电容键盘，用起来觉得非常好，之后再也没有换过其他键盘。学习摄影时，我也买了很多设备。有一段时间，我买了好几种不同的相机，直到后来对相机的要求降低，认为只要把手上已有的设备用起来就行，才停止买新相机。摄影技术的高低不在于你有多少设备，写作习惯的好坏也不在于你的键盘打起字来有多舒服。关键在于你得知道这些工具怎么用，并将其真正应用到日常中，这是工具的"从知道到做到"。

　　每年我都会阅读一些新书，有的书会重复阅读，如《卓有成效的管理者》《奇特的一生》等。为什么要重复阅读呢？因为真正的"从知道到做到"，仅仅靠阅读过一两次是不能做到的，要在对所阅读的书非常熟悉的情况下才能做到。

　　举个例子，小朋友上学后，在学校要能坐得住，一般要经历一个环节：动得足够多。如果他动得不够多，不熟悉各种动作，没有建立起习惯，就坐不下来。每个动作，他都需要从0到1学习，花很长时间练习，当习惯成自然之后，才能适应。

　　学习新事物的逻辑基本都是一样的。生活中的道理，"从

知道到做到"，也需要很多年。"从知道到做到"，是在不断重
复一个简单的道理，一直到最后真正去做，并且做到。其中的
关键就是重复。

1.4.2　用暗示，加速"从知道到做到"的过程

有什么方法可以加速"从知道到做到"这个过程呢？一般
有两种方法。第一种是不想那么多，直接做。但是让一个人不
想那么多直接做一件事是比较难的，所以我通常会建议采用第
二种方法，即先充分考虑，然后再去做。如何充分考虑呢？具
体来说，就是把未来的画面清晰地描绘出来，在脑海里不断暗
示自己。

暗示，是非常有用的一种成长方式。如果一个人能把未来
的画面清晰地描绘出来，在脑海里不断暗示自己，未来他就会
有一种实实在在的生活方式。我一直努力训练自己在这方面的
能力，暗示自己想象 5 年后、10 年后，甚至 20 年后的生活
场景，把未来的画面提前呈现。当未来的画面清晰地呈现在眼
前时，就会变成一种暗示。持续地暗示意味着想要的未来一定
发生，而不是可能发生。

大部分人适合第二种方法，做之前先充分考虑，确定到

底做还是不做。如果确定要做，你就要考虑清楚执行的具体路径，做完后会有什么收获，做的过程中会有什么风险……——考虑清楚之后，再去做。

做任何事情，多多少少都有一些环节，不到最后，这些环节或多或少都会发生变化。发生变化不一定是受外界影响，很可能是受自身的影响。一件事情，哪怕你再熟悉，知道得再清楚，不到做成的那一刻，都会发生改变。

对于一些有难度的事情，我会在考虑的过程中，将它推导到极致，直到自己不能反悔的地步。基本上，在这种情况下，我一定能做成这件事情。以写书为例，很多作者在写书的第一稿时认为非常难，便一直拖着不写，但越拖延越认为写书难。而我在完成第一稿后，立刻把它交出去。书稿上交，编辑会审稿，会提出修改意见，会问你需要修改的地方改得怎么样了。外界的力量也是一种推动力，会让你行动起来，把这件事情做完。其他事情也是如此，当你把事情做到自己不能控制的地步时，一定有人不断推着你把事情做完。

有什么样的事情和道理，在没有想到之前，完全不可能做到，而当你真的想到之后，就有可能做到了呢？增长见识、增加体验、读传记看别人已经做到的事情等都属于这一类。阅读是其中性价比最高的方式。如果你想知道自己到底要在哪个方面精进，或者要在哪个领域深耕，那么可采用以下这种方法：

> 去图书馆，从书架 A 走到书架 Z，注意自己在哪个书架前停留时间最久。这个书架上的书所涉及的领域，就是值得你花时间深耕的领域。想办法多花点时间在这个领域。

这种方法很简单，需要花费的时间可能不到 1 天。你会去尝试吗？ 99% 的人不会，这很正常。一个道理不管被多少人知道，最后能真正做到的，一定是少数。如果你真的非常渴望成长，那么在知道一个道理后，直接去做，哪怕只做一次，也比完全不做好很多。只做一次，也是"从知道到做到"。

1.4.3　回忆式地想和创造性地想

想一件事，有两种情况：一种是事情已经发生，这是回忆式地想；一种是事情从没发生过，这是创造性地想。

- 回忆，通常是在记忆里找到已经发生的事情，回顾一下，想想当时是怎样的过程，自己是怎么做的，有什么经验可以借鉴……这是回忆式地想，在回忆里创造。

- 想还没发生过的事情，想的是如何做决定，如何做计
  划，如何执行……这是创造性地想。

两者需要具备的是完全不一样的能力。当你说"想一下"
或听到别人说"想一下"时，都要注意分辨，到底是回忆式地
想，还是创造性地想。回忆式地想，相对来说难度较小，前提
是，你有记录的习惯，比如做时间记录、用语写记录生活等。
发生什么事情，马上记录，等到回忆这些事情时会更容易。创
造性地想，非常有难度，需要对大量素材进行加工。

假设你想提高自己的业绩，可以对自己说：想一想怎样
才能提高业绩呢？换个角度，这个问题是在问还有哪些赚钱方
式。问题的答案可以从回忆里找，看看自己知道哪些赚钱方
式，以及以前使用过哪些赚钱方式。如果找到一些之前已经知
道的，但还没使用过的赚钱方式，就可以去用。此外，你也可
以多想一想，搜集大量素材，看看有哪些赚钱方式自己以前既
没使用过也不知道。结合自己的情况，看看使用这些赚钱方式
需要满足哪些条件、需要补充哪些条件、有什么风险、如何规
避风险等。这就是创造性地想。

遇到问题，我们可以多想想，但不要把任何事情变成纯脑力活，也要做体力活。**思考问题，要指向行动。**

比如，遇到一件事，问自己一个问题：我能做的事情有哪些？想到一件写一件，列出一个清单。事实上，我们列出的事情不会很多，而且都在自己的能力范围之内。全部列出来之后，剩下的就是做选择题。选好后，直接开工。

列清单，是一个非常好的方法。任何一件事，当不知道该怎么做时，就可以列清单。列出来，你更容易做出选择。就像有人问你："中午吃什么？"你完全没有头绪。而另一个人问你："湘菜、粤菜、川菜，选一个？"你基本能快速做出选择。在从想到到做到的整个过程中，想的时间占 20% 就足够了，用剩下 80% 的时间去做，把已经想到的事情尽力做到。

1.4.4　先知道，然后重复做到

收集名人名言是很有帮助的，它能在关键时刻提醒你。如果名人名言收集得足够多，你就能发现一个生活真理：

> 任何一件事，不管是什么及如何发生的，都可以用正反两个方面来解释。

知道了这一点，当遇到一些事情时，你就不怕了。比如，挑战是帮助你成长进步的。当遇到挑战时，如果你的能力还需要提高，那么不要害怕，只要你提高能力，就能轻松迎接挑战。那该如何提高能力呢？

提高能力的方法有两种：一是直面挑战，二是跳出挑战。这两种方法不太一样。第一种是在完成挑战的过程中锻炼能力，使能力得到提高。第二种是知道这里有挑战，就不往这里走，绕个道也能抵达终点。此路不通，只是暂时不通。如果碰到了困难，就告诉自己：

> 我只是暂时遇到了困难，困难并非永远存在，很快就能过去。

重要的事情，总会重复发生在你身边；重要的道理，你总能重复听到；重要的行动，你总要重复去做。你知道的事情就那么多，把知道的事情做到就可以了。道理也是如此，最好在知道的那一刻，就去实践。有人被"种草"了好东西，会马上去买，但往往不会在知道一个道理后马上去实践。这说明知道和做到之间，还是有距离的。

生活中有很多机会，想要抓住，还需要一些魄力。魄力体现在非常具体的事情上，如只做一件事、只专注一个领域、只抓住一个机会……长期持续专注，可以让有魄力的人获得更多机会。你只要足够专注，就能抓住更多机会。

魄力、勇气和胆量都是我们不断进步应具备的基本品质。道理最好在知道的那一刻便持续应用。阅读的关键不在于真正读了什么，而在于在读的过程中，拓宽自己看问题的视角，从而让你在遇到问题时，想到曾经在书中看到的某种解决方案，并且做到，最终解决问题。

1.5 用心做"做不到的事"

一件事做不到，还要不要做？要不要用心去做那些"做不到的事"？

通常我们做一件事，并不是因为已经具备了做这件事的能力，才去做这件事，而是因为不具备做这件事的能力，才用心去做"做不到的事情"，最终具备了做这件事的能力。

已经能做到的事，还要不要用心去做呢？当然也要。理想的状态是，当做一件事时，具备所需要的部分能力。换句话说，还有一些能力尚不具备，当下还做不到这件事。我们可以在做事的过程中，获得这些能力，所以也要用心去做"做不到的事"。

平时，我们所做的事情，大都属于自己所熟悉的领域。但我更提倡，在不熟悉的领域做足够多的事情。比例大约是多少呢？可以是 80% 和 20%。也就是说，做日常熟悉的工作所花费的时间大概占全部时间的 80%，用剩下 20% 的时间尝试去做不熟悉的工作。以体验、探索的状态去做，即使不一定能成功。记录下这种情形，不断给自己暗示或思考，慢慢地你会发现自己可以做到开始做不到的事情。经过一段时间，原来做不到的事情，你不仅可以做到，而且做得还不错。

试着做个小实验：

> 列出 3 ～ 5 件事，这些事是以现有能力、心智水平、收入水平和时间安排为考量，自己不可能做到的。3 ～ 5 年后，把写下的这些自己做不到的事拿出来看一看。你会发现，自己已经能做到这些原本以为不可能做到的事。

有时候，我们并不是不具备做某件事的能力，而是对能力的安排、挖掘和发挥没有达到理想的效果。3 ～ 5 年后，我们突然发现自己进步了，原来那些想都不敢想的事情，现在不仅敢想，还能做得不错。一个人的能力就是这么提升起来的。

　　回顾过去，有什么事情是自己原来不会做，但后来可以轻松做到的？这些事情分别是什么？具体是如何从不会做到会做的？试着回忆一下，生活中那些原来看不见、摸不着、做不到的事，现在是否已经通过能力的提高而做到了。

　　如果每 3 年就有这种感觉，说明我们真的在不断进步。以我自己的经验来说，一般 6 ~ 7 年是比较长的周期，3 ~ 5 年则是比较短的周期。即使过去 3 ~ 5 年没有什么突破，也没关系。从现在开始，做一件未来 3 ~ 5 年能让自己惊讶的事情，这件事以现有能力、心智水平、收入水平和时间安排看，是自己不可能完成的事情，你用心去做，现在可能做不到，但不代表 3 年、5 年、10 年后，还做不到。

1.5.1　时代发展，让我们把"做不到的事"做到

　　如果现在遇到做不到的事情，可以把这些事情列出来，找出做不到的原因，是自身能力不够，还是受环境的影响？

　　开始语写时，我想 1 小时语写 1 万字，做不到，我想连续一个月每天语写 1 万字，也做不到。当时我还特地购买了一张大流量手机卡，花了 300 多元。那时虽然已经有了 3G 网络，但那张卡仅支持 2G 网络。用 2G 网络语写，速度非常慢，

改用 3G 网络后好一些，但 1 小时语写 1 万字的节奏仍有些不稳定。后来到 4G 网络，1 小时语写 1 万字的节奏就变得很稳定。5G 网络速度更快，大家在语写时几乎不用担心网络。2022 年进行语写训练的新学员，语写速度非常快，1 小时能语写 2 万字。是大家学习能力提升了，还是 5G 网络支持让语写速度更快了呢？

以现在的网速，无论你的语速有多快，只要发音足够清晰，文字都可以被快速识别出来。以前，如果语速非常快，网速跟不上，文字就不一定能被准确识别。这是环境对一个人做事的影响。我们只有处在合适的环境中，才能发挥出更大能量。

再举个例子，蔡元培先生在日记中记录了自己 1898 年从北京到杭州的路程花了整整 9 天的时间。现在，坐高铁从北京到杭州差不多只要 5 小时。时代发展，会让以前那些看起来几乎不可能做到的事情，变得平常。对于未来，我们可以大胆地想象。

1.5.2　掌握正确方法，做到"做不到的事"

这个世界的规律是客观存在的，我们只需要学习和理解它。建立这样的认知，能够更好地认识世界。阅读让我对很多事情的理解发生了变化，让我更加笃定一些事情能做成。为什么？因为我从书中看到了做这些事时所需遵循的规律。换句话说，只要用心播种，在合适的条件下，一定会有收获。

做一件事，只要这件事值钱，就一定能赚钱。但是赚钱的事情，不一定真正值钱。因为一次赚到钱，不代表我们次次能赚到钱，想要长期赚钱，一定要做值钱的事情。如果在确定一件事赚钱之后，马上就做，也是可以的。创造财富通常比较容易，但守住财富的难度要大很多。

我们从 A 点到 B 点，可能是没有问题的，但反过来却不一定。比如，电影《星际穿越》中，"永恒号"上的几个主角穿越虫洞，当进去时速度很快，当出来时却不一定，可能更快，也可能很慢。当主角进入虫洞之后，外面的时间相对来说变得很快，他以自己的速度努力穿越黑洞。当他回到人类世界时，同事已经垂垂老矣，孩子也长大了。

《时间的形状》一书中关于虫洞的章节也提到了这一点：

> 从 A 点到 B 点，按照正常的方式行走，需要 100 光年才能抵达。如果空间折叠，从 A 点到 B 点有一个虫洞，只需要 1 光年就可以到达。

同理，我们在做事时，如果没有掌握正确的方法，那么即使付出 100 倍的努力，也无法做成。如果掌握了正确的方法，那么只要付出 1 倍的努力就可以做成。举个例子，同样面对一堆数据，在不会使用 Excel 之前，我们不知道该怎么高效地处理它们，在花时间专门学习 Excel 的使用方法，了解其基本操作之后，我们就能快速处理好这些数据，这就是用心去做看起来做不到的事情。

当 Excel 中的数据多到一定程度，我们既无法通过眼睛分辨，也无法轻易知道数据代表什么时，就必须在数据整理结果产生前，知道会有什么结果。很多时候，Excel 非常符合"大师的行为是可预测的"这一原理，掌握技巧之后，我们在操作 Excel 前就可以明确知道结果，只要动作到位，结果就是确定性的。

1.5.3　打败现实，才能成长发展

一个人如果衣食无忧，就能更好地思考，更客观地看待现实的种种问题，并且创造更多的价值。只有很好地处理现实，才能超越现实。

什么是现实？

- 现实是柴、米、油、盐、酱、醋、茶，是房贷、车贷，是水费、电费、燃气费、手机话费、物业费⋯⋯

- 现实是你想吃的水果、零食，是你想买的衣服、家电，是你想去的地方、想玩的游戏⋯⋯

是否打败了现实，最简单的评判方式就是，当付款时，你是觉得吃力还是轻松。当付款时觉得不吃力，甚至觉得很轻松，那就是打败了现实。相对理想的自由状态是，在生活中，你不用去看生活物品的价格，会将注意力放到更长期、更远大、更深刻的事情上。

比如，到一家餐厅吃饭，当看到价格时，会考虑是不是超出了预算，如果超出了就会换一家。这就是被现实打败，即把时间都花在了生存上，而不是用在思考更深刻的问题、创造更多价值上。在打败现实之前，要花时间考虑如何省下 100 元、200 元；在打败现实之后，不用纠结 100 元、200 元，用最短的时间解决现实问题，剩下的时间用来成长发展。

又如，出门乘坐交通工具，如果打败了现实，你考虑的就是如何最快抵达目的地。如果没有打败现实，那么在绝大多数情况下你会选择较便宜的一种交通工具。在打败现实之前，你的注意力都会聚焦在生存上，不可能放在成长发展上。

那么，还要不要成长发展呢？当然要！要想办法，尽可能创造价值，让自己增值。

一个人在没有赚到钱之前，无法体会到真正赚到钱是什么感觉。一个月工资为 5000 元的人，是无法体会月入 10 万元是什么感觉的。只有做到月入 10 万元之后，他才会有具体的感知。

我们常常会听到一句话：钱能解决的问题都不是问题。在赚到钱之前，不要说自己不想赚钱。只有在赚到钱之后，我们才能确定自己是想赚钱还是不想赚钱。**拥有，才能选择。**

我们不仅要赚到钱，还要努力让自己的增值速度跑赢赚钱速度。也就是说，我们的增值速度要持续跑赢赚钱速度，才能有所突破。如果赚到的钱比自身价值值钱得多，就意味着市场出现错配，它一定会纠正。如果自身价值比赚到的钱值钱得多，并且增值速度比赚钱速度快，那么无论身处怎样的经济环境中，都能赚到钱。

只有不断做值钱的事情，不断让自己增值，才能感受时代发展的魅力。什么是值钱的事？阅读、写作、运动、帮助他人……每个人都有自己的答案。

1.5.4　坚韧的品格和卓越的才能

做事，要有坚韧的品格和卓越的才能。

品格和才能，是我们可以在日常生活中培养的。

品格是一个人稳定的特征。坚韧的品格，不是通过 1 ~ 2 年，而是数十年如一日地做到，持续 30 年，甚至 50 年才能形成的。我们并不能在很舒服的状态中培养它，而要克服生活中遇到的困难和挑战。

对于卓越的才能，不管是否身处舒适区，都要不断培养，并且持续使用。通常才能有专门的发挥时间，大体可以分为两类，一是发挥才能的时间，二是纯粹培养才能的时间。任何人掌握一项才能后，不管多厉害，不管到什么级别，都需要日常持续培养。卓越的才能，需要发挥才能被看见，更需要培养才能保持并持续精进。

坚韧的品格促使我们在生活中克服一个个困难，卓越的才能则让我们变得足够优秀，并不断向前推进。

一般当人身处困境时，坚韧的品格和卓越的才能就会展现出来。不同的人展现的程度会不同。比如，有人可以在看起来不是非常理想的环境中，把事情做得很好，甚至取得极大的突破。

每个人都会遇到顺境、常境和困境。顺境，是顺遂如意的境遇；常境，是平常的境遇；困境，是困难的处境。以开车来举例，顺境，像是开车行驶在高速公路上，一路畅通；常境，如同路上有一些车，不算多也不算少，即使速度不是很快，也能保持前进；困境，如同遇上堵车，前进速度很慢，也没有其他办法。

又如，在工作中，当推进项目时，没遇到什么问题，推进速度超出预期，这是顺境；遇到一些问题和困难，项目成员一起攻克，便能让项目按预期推进，这是常境；项目成员完全不知道如何推进项目，这是困境，这时候每个人的品格和能力就会展现出来。

有的人在常境中坚持培养自己的品格和能力，稳步推进，当遇到困难时，越挫越勇，培养出坚韧的品格和卓越的才能，使自己受益一生。他身上的品格和才能，当身处顺境或常境时展现不出来，一旦遇到困境，就能帮他快速走出来。这也是常说的逆商。

　　有意思的是，帮助我们走出困境的"力量"可能有两种：一种是自己通过努力把困难克服；一种是社会向前发展，推动问题的解决。比如，我在 2012 年开始语写，当时手机信号还是 2G 网络，说一句话，要等很久文字才会出现在手机屏幕上，更不用说实现 1 小时语写 1 万字了。开通 4G 网络后，我不仅做到了，还稳定在 1 小时语写 1 万字。这属于社会向前发展，推动问题的解决。

第 2 章

深耕专业，
时间复利的推进器

2.1 专业的特征，是长周期稳定

2.2 选对大方向，努力不白费

2.3 保持谦卑，保持前进

2.4 勤奋努力出奇迹

2.5 主动销售

2.6 最好的积累，是创造作品

2.1　专业的特征，是长周期稳定

2.1.1　越专业，越稳定，越可预测

是否在固定的时间内做固定的事情，是区分专业与非专业的标准。这里有两个条件，一是专业的场景，二是固定的时间。

- 专业的场景。专业人士会对工作的场景有要求。比如，专业的钢琴家会对表演的场景有要求。而乐器往往是构成专业场景的重要因素，有的钢琴家无论去哪里演出，都只使用自己的钢琴和最信任的调音师。

- 固定的时间。对于创作者而言，在固定的时间内做固定

的事情，是一种专业的体现。比如，开一家店，不管卖的是什么，你都要告诉顾客营业时间，这样顾客才能知道什么时候来才能买到需要的东西。如果营业时间不固定，今天早一点开门，明天晚一点关门，顾客就无法知道何时到店能买到需要的东西，慢慢地就不来了，你的生意也就很难做起来。

如果一个人今天做这个，明天做那个，当其他人问他正在做什么时，他的回答又不一样，那么他就很难把事做成，因为他根本没有在固定的时间内做固定的事情。

越专业的人，越能保持在固定的时间内做固定的事情的习惯，对专业的场景、固定的时间的要求也越高。通常在某个领域专业程度越高的人，越会践行在固定的时间内做固定的事情。比如，在百老汇，很多表演都有固定的演出时间，也会提前很长时间告知大众。

我们也可以看到一些专业的表演者，无论身处哪个专业领域，都会提前安排演出日程。快到演出时，工作人员按部就班地准备好，观众从四面八方聚集到一起。这时候，演员哪怕遇到一些困难，如身体不舒服，也会克服困难，交付完整的演出。

联想到日常生活，可以理解为提前安排一年或两年后要做的某件事。做这件事不仅你自己要参与，还会有其他人加入，一起筹备，所以不能出现问题。在固定的时间内做固定的事情，不管人生状态如何、心情如何，都必须出场，这是你应该承担的责任。

专业人士答应做某件事，大多在固定的时间内完成。所以，专业人士的行为通常是可预测的，这使得他们非常靠谱。长期靠谱，代表着相对稳定；相对稳定，又意味着行为的可预测性。

茨威格在《象棋的故事》一书里，描写了以下场景：

> 在一艘船上，有一个象棋冠军。同在船上的几个棋手，想向他挑战，他说："我以下象棋为生，不下没有报酬的棋，最低酬金是每盘 250 美元。"其中一个棋手答应了这个象棋冠军，他在和朋友讨论时说："如果我现在牙痛，碰巧船上有个牙科医生，我请他给我拔牙，也需要付钱。各行各业里的行家也都是生意人。"

我们可以这么理解，医生的工作是治病，当你生病时，医生治好了你，你肯定是要付钱的。这个象棋冠军的工作就是下棋。其他人请他下棋，他可以下，也可以不下；可以收钱，也可以不收钱。下或不下，收钱或不收钱，都是他的选择。但这并不代表其他人请他下棋这件事是不收钱的，因为这是他的生存技能。

专业人士展示专业技能，一定要看场景。我有一项服务是为客户提供商业咨询。有时候，在线下活动中，或者当和朋友们聊天时，大家会问出一些商业问题，我会顺便回答或提出一些建议。当然，我可以提供更专业的解决方案，但在这样的场景下，我无法提供，因为专业的解决方案需要专业的场景。如果对方有重大问题需要解决，那么可以正式提出商业咨询，我一定选择合适的场景，进入工作状态，专注地思考，帮助他解决问题。是否收费，是我的选择，但并不代表这件事本身不收费。

一个演奏家有能力随时随地演奏，但是他绝对不会随便演奏，一定要有合适的场景、专业的设备，甚至有固定的节奏和仪式。所有准备工作到位，他站在舞台中央进行表演，才能交付一场专业的演出。

任何技能，要达到专业水准，一定要经过训练。如果一个人比其他人更专业，甚至达到顶级水平，那么他一定付出了平常人所不能及的努力。换句话说，同样是学习技能、采用一定的训练方式，如果有一个人异军突起，比其他人表现得更专业、更厉害，那么他一定做到了其他人所不能做到的事情。或者面对同样的场景、同样的境遇，如同一个人能成为高手，达到其他人不能达到的水平，打败其他专业人士，那么他所付出的努力和经历的所有，一定是其他人无法体会的。

2.1.2　你始终拥有选择的自由

环境对一个人的影响是巨大的。

在《象棋的故事》中，船上的棋手集结起来，和象棋冠军对弈，都被轻易击溃。直到一位神秘的 B 博士出现，扭转了局势，战胜了象棋冠军。这位 B 博士说自己 20 多年没有动过棋子，他因为一些特殊原因，被囚禁在徒有四壁的房间里，精神备受折磨。后来，他靠着一本偷来的棋谱，练习象棋对弈。没有棋盘，就在脑海中画棋盘上的黑白格；没有对手，就自己和自己对弈。经过长时间的训练，他练就了极其高超的棋艺。

B 博士用象棋对抗被囚禁的空虚和孤寂，却终生无法摆脱象棋对心灵的束缚。一个显著的表现是，他和象棋冠军对弈间隙，站起来焦躁地走来走去，他的脚步所覆盖的空间范围每次都是一样的。尽管实际的空间范围很大，但他好像走不出从前那间囚室，一直在其中来来回回。

如果一个人只聚焦在一个细分领域，很可能就在这个小小的范围内来回打转，以至于觉得世界只有这么大。

维克多·弗兰克尔在《活出生命的意义》一书中写道：

> 一个人即使处于最恶劣的环境中，也可以拥有精神上的自由和选择的权利。精神自由，就是觉得自己可以做成什么事，以及可以选择做还是不做什么事。

如果将信心和能力划分为 4 个象限，那么一个人可以有 4 种状态：有信心有能力、没信心有能力、有信心没能力、没信心没能力。我们可以选择有信心有能力这个象限，并且需要付出的成本不高，只要对一件事有信心，自然会培养出做这件事的能力。同样，有了做这件事的能力，我们对做这件事也会更有信心。

选择相信自己，选择有信心，能力就会跟着一起来。信心是自己给的，能力是可以培养的。给不给自己信心，我们可以选择。

2.2　选对大方向，努力不白费

2.2.1　大方向，是人生战略方向

大方向，指的是人生战略方向。很多时候，聪明、能力强、资源丰富……都不是成功的关键因素。努力的方向对了，即使没有拼尽全力，也能取得一定的成果。

这个过程有些像爬山，大方向是山顶，有很多条路可以抵达山顶，山脚的起点各不相同，山间路上的风景各不相同，爬山的人各有各的装备和方式……一直朝山顶方向走，哪怕多拐了几个弯，多爬了几个坡，多走了几条路，也可以抵达。最怕的是忘记要抵达山顶的目标，或者在山间迷了路。

人生大方向，没有对错之分，重点在于，你能否明确地朝着这个大方向前行。而所谓的大方向对不对，取决于你是否喜欢，是否期待。

有的人喜欢制订长假计划，比如，国庆假期要阅读 7 本书、写 7 篇文章……如果你也这么做过，那么试着回忆一下，放假前你对自己的要求是什么？假期结束时，是否达到了呢？再想一想，如果在 7 天时间内集中力量去做一件事，会取得怎样的成果？假期后上班第一周，工作状态通常是怎样的？是大踏步前进，还是原地踏步呢？

这些问题的关键还是大方向。只要大方向对，怎么做，努力都不会白费。要怎么才能知道大方向对不对呢？可以建立一种思维方式：

> 以现在的状态，写下确定性的结论。

现在写下一定要把一件事做成的结论，以及自己是如何做成的。过一段时间，回看当时写下的这个结论是否已经实现了。比如，你想要在 10 月看完 10 本书，于是写下：

> 10 月 31 日，这个月我已经看完了 10 本书。

到了 10 月 31 日，看看自己是否真的看完了 10 本书。如果看完了，大方向就对了，也意味着你的预期和现实是一致的。

通过这样一次次的短期选择练习，可以确定大方向，找到人生战略方向。

2.2.2　大方向，向外找

其实人生大方向不用自己定，或者说不用从自己身上找，而是可以向外找，参考那些已经活了一辈子的人所定下的人生大方向。

比如，孔子所说的：

吾十有五而志于学，三十而立，四十而不惑，五十而知天命，六十而耳顺，七十而从心所欲，不逾矩。

这句话就可以作为人生大方向的参考。"人生七十古来稀"，看看那些厉害的人在 70 岁时已经做了什么事情。我们很难自己定下人生战略方向，并确定合适的人生大方向，但是可以去参考其他人的人生大方向，看看他们是如何做的。

选择你喜欢的人，或者你想成为的人，读他的人物传记，看他在不同年龄阶段分别做了什么事。不建议只看人物年表、概述性介绍，必须具体到人，具体到他做了什么事，在某个领域取得了什么样的成果。因为我们所定的人生大方向，必须是具体的，而非概述性的几句话。所以，**要寻找具体的人，看具体的事，定具体的人生大方向。**

人是环境的产物。置身于一个学习氛围浓的环境中，你不可能不学习。如果身边每个人都早起，你就不可能不早起，即使不早起，也会被身边的人影响。如果你习惯晚睡晚起，想要早睡早起，可以找一个有早睡早起习惯的人来影响你。

所以，在定自己的大方向时，要向那些已经有了人生大方向并且活出自我的人学习。比如，早早知道人生目标的蔡志忠 4 岁半就开始画画。人生大方向，也没有绝对的对与错。比如，柳比歇夫 26 岁立志创建生物自然分类法，而他一生所取得的成果比当时定下的目标要大得多。

你有定下自己的大方向吗？在定一个大方向时，你不需要现在就具备达成的能力。任何关于未来的目标和规划，一定是你现在所无法达成的。原因很简单，从今天到未来的过程中，你的能力会不断增强。

未来的目标，一定是以现在的能力所无法达成的，但敢想才敢做，只要坚持的时间足够长，你就能看到自身足够多的不足之处，学习并掌握尚不具备的能力，尝试去抓那些抓不住的机会，从而明确感受到时间给你带来的进步。

在条件允许的情况下，定一个需要一辈子才能达成的大方向，并坚定地写下截止时间，通过增强能力，完成它。

2.2.3　确定大方向，坚定执行

我会不定期复盘自己定下的目标和大方向：

- 过去这些年，哪些事情做对了？哪些没有做对？

- 某个决策是对的还是错的？哪一个决策，现在看是对的，从长期来看是错的？哪一个决策，现在看是错的，从长期来看可能是对的？

写这本书的时间，是我创业的第 5 年，结合当时自身的状态，我更倾向于当一名自由职业者。只要认定这个大方向，慢慢来就对了。如果大方向不对，哪怕多等一天，也是错的。

当我在复盘过去的目标和大方向时，发现我在 2018 年

年底设定的一些目标，现在已经发生了变化，和当时所想的已经不一样了，因为我在朝着这些目标行进的过程中对其进行了调整，使其变得更加具体且明确，但大方向依然是原来的大方向。

人要不断地提升自己的见识，进入更广阔的世界。这一点非常重要，它会让你感受到，自己正在做的事情所能带来的价值。如果没有进入更广阔的世界，一直待在小小的角落里，窥探这个世界的森罗万象，那么是无法有进步和改变的。一定要投身到丰富多彩的世界里，见识大千世界，身临其境。只有拥有丰富的生活体验，才能创造更大的价值。

在时间的长河里，有人定下了自己的人生大方向；有人更加迷茫，不知道自己要做什么，以及想成为什么样的人；有人更加坚定自己未来的大方向。关于目标和大方向，关键并不在于态度是坚定还是不坚定，而在于是选择坚定，还是选择不坚定。

确定一个明确的目标，不管是什么，只要你肯去实现它，实现的概率就会增大。目标可以调整，但一定要在原来的基础上调整。我经常重新设定目标，但不是推翻原来的目标，而是在原来的基础上设定一个新目标。以语写为例，我原来一天语写 1 万字，一个月语写 30 万字。写了一段时间，我认为这个目标完成起来很轻松，于是在这个基础上重新设定了一个目标——一个月语写 90 万字。

我还会根据情况适时对目标进行创新性的调整。比如，原来一个月语写 30 万字，接下来想一个月语写 90 万字，时间大约多花 60 小时。但我又想留出一些时间来阅读，于是，我调整了目标，一个月语写 60 万字，阅读 30 小时。

我会常常翻阅过去设定的目标，当觉得需要调整时，就会做出新决策。原本看起来要 10 年才能完成的目标，如果一直把注意力聚焦在上面，投入时间和精力，实际上可能只需花 8 年就能完成。所以，你现在也可以重新做决策，设定新的目标。这个决策和目标是要关乎未来的。从来不做决策，也是一个决策。从来不做选择，也是一种选择，因为你可以随时重新做出选择。这一点非常重要。

设定 3 年以上的目标，很容易出现的一个问题是，目标被忘记。假设你设定了一个 3 年目标，过段时间却忘记了这个目标，自然无法达成目标。如果脑海中一直记得这个目标，就一定能实现，甚至提前实现。

我会持续复盘过去所做的一些事情，看看自己的进度，发现原本计划一年完成的目标，提前好几个月完成了。换句话说，当完成目标时，不管从哪个方面来说，我自身的状态都比定下目标时要好一些，这是一种进步和成长。

如果不设定目标，就会不知道自己要完成什么。如果只是定下目标，却忘记去完成，到了截止时间才记起来，期间没有为目标付出任何努力，就不可能实现这个目标。只有定下目标，并且一直铭记目标，集中所有力量去做这件事，实现目标的概率才能大很多。如果有明确的截止时间，再加上能力的提高，定下的目标通常就会提前实现。

2.3 保持谦卑，保持前进

2.3.1 持续重复基本动作

在我的习惯中，无论是语写，还是时间记录、阅读、记账，我每天都会去做。因为阅读写作是一个人成长的基本路径，只有在此基础上才能发展出其他能力，快速成长。

经常有学员在练习语写时问："老师，我们天天都要这么练习吗？"

是的。伟大的枪手和渺小的枪手之间最大的差别，就在于持续的练习。同样都是瞄准目标，打中的关键就在于练习射击动作时的细微差别。伟大的枪手会把每一个基本动作都做到位，并持续地练习这些基本动作。

语写、时间记录、阅读、记账，以及其他技能都是如此，做出成绩的人和没有做出成绩的人之间最大的差别不在于是否使用了足够多的花样把这件事情做成，而在于是否保持基本动作，并持续练习基本动作。

语写，就是每天写；时间记录，就是记下时间都花在哪儿了；阅读，就是每天读书；记账，就是记下每天的收支账单。通过这些简单的动作在生活中进行常规的数据收集，当数据收集到一定程度后，通过分析可以知道哪里做得好，哪里还需要改进。一个个细小的环节最终会引发巨大的变化。

如果你想知道自己是不是进步了，就去看看数据是不是有增长。如果想让自己持续进步，那么可以培养在固定的时间内做固定事情的习惯。在固定的时间内做固定的事情，关键不在于具体做什么事情，而在于在固定时间内做事情，由此获得的成果是很大的。比如，固定做饭、吃饭的时间，生活幸福指数便会提升。

保持谦卑，保持前进。做任何事情，不要觉得自己做了一阵子，已经做得很不错了就想尝试新花样。要时时刻刻沉浸在练习基本动作的学习氛围中，问问自己：

- 这个动作很简单，没有技术含量，一直保持足够的谦卑，把动作做到位，让它自然产生结果，有没有必要？

- 我是不是这一群人里面做得最认真的？

- 练习动作的这段时间，我是不是做到了全情投入？

- 我是不是每天都用了足够多的时间来反省自己？

- 我正在做的事情，是不是有助于目标的推进？

- 我有没有拼尽全力做重要的事？

- ……

2.3.2　多做事，快做事

在日常工作中，当你在做一件比较简单的事情时，就容易走神；当你要做的事情很多，工作内容稍微有一些难度时，走神的次数会减少很多，因为注意力都聚焦在事情上。

一旦发现自己无法专注当下，经常走神，就要多省察自己，想想自己是否有担忧的事情：

- 有什么事情，是自己正在担忧，一直出现在脑海中，挥之不去的？

- 把这些担忧的事情写下来，还会继续担忧吗？

- 担忧的事情有什么解决方案，都写下来，还会继续担忧吗？

- ……

如果可以解决这些担忧的事情，或者发现自己其实并没有什么担忧的事情，就看看目前所做的事情是否具有挑战性。一定要去做那些 3 ~ 5 年内，以目前的能力做不到的事情。

任何进步，都是一步一步取得的。在做事的过程中，要不断思考：自己有没有做好？有没有给自己找借口？有没有给问题找理由？是不是不想做就不做了，还是在尽最大力量把事情做好？这个过程，身边的人看得到，自己也看得到。当意识到自己进步不快、效率不高时，要多反思自己的做事方式，找出原因。

一般效率不高有两个原因：

- 一是所做的事情太少。如果所做的事情足够多，效率就

会高。相反，所做的事情少，人就会不自觉地放松，做
事拖拖拉拉，效率自然不高。

- 二是事情和事情之间的衔接不紧密。如果所做的事情
多，时间安排得紧凑，完成一件事后可以快速从这件事
切换到另一件事，效率就会比较高。相反，如果安排 9
点做一件事，11 点做一件事，10 点是空闲的，那么做
事的效率就不高。想办法让事情衔接得更紧密，而不是
一开始就留下充足的完成时间。

一般来说，两件事之间留下 15 分钟的切换时间就差不多
了。从状态 A 切换到状态 B，中间有 15 分钟的放松时间，既
可以做到快速切换状态，也可以消除在状态 A 下积累的紧张。
如果能在工作期间适当安排短暂的休息时间，工作效率会比较
高。在做两件事的中间安排短暂休息，会比做完一件事后连续
休息 7 天的效果好很多。要做的事情多，效率也会比较高。多
做事，快做事，可以锻炼能力。

2.3.3　给选择加上期限，给行动设定原则

我们每天都要做出选择，从早上起床那一刻开始，几乎每
时每刻都在做选择。如果想要提高选择的质量，那么当每次做

选择时，可以加上一个期限：这个选择影响 1 小时、1 天，还是一辈子。比如，选择旅行，短途旅行影响 2 ~ 3 天，长途旅行影响 7 天，甚至更长时间。又如，选择学校或老师，很可能影响一辈子；交一个朋友，可能影响一阵子，也可能影响一辈子。

给每个选择加上期限，就会知道什么样的选择应该重视，我们在做选择时也会更谨慎。比如，选择一家餐馆吃饭，即使饭菜不合口味也没关系，因为这个选择只影响大约 6 小时，6 小时后会吃下一顿。哪怕味道不太好，影响心情，也可以坚持一下。坚持不了，可以重新选择餐馆。短期选择主要是解决当下的问题，不影响长期决策。

在日常生活中，针对会影响我们的短期选择，可以用即将发生的条件来限定。在事情发生之前，就确定如果发生了事情 A，就立刻选择 B；如果发生了事情 C，就马上选择 D。事前做好准备，不需要等到事情发生了才去想怎么做。

出门旅行，设定好预算，只要不超过预算，就可以进行消费。即使遇到特殊情况，也可以按照这个原则执行，不需要纠结。比如，景区里的瓶装水价格比市场价要贵一倍，买还是不买呢？只要不超过预算，直接买。

要保持前进，也可以给行动设定这样的条件式原则。在事情发生前，必须要做到，不是可能做到，而是确定做到。

比如，设定赚钱目标，如果无法确定未来 3 年能否赚到 1 亿元，那么至少要确定未来 3 年内能实现的小目标，写下一个具体的数字。不同的人写下的数字不同，但相同的是，确定的目标能达成的可能性比较高。

又如，设定阅读目标，不要设定一个有可能实现的目标，一定要设定一个确定能实现的目标，如一起床就打开书看几页。如果不确定今天到底能不能安排时间来阅读，当下就可以坐到书桌前翻开书阅读。接下来的时间也许安排了其他事情，属于不能掌控的部分，但你已经完成了阅读这个目标。那么今天阅读这件事，就不是有可能性的，而是有确定性的。

语写也一样，当你打开语写 App 开始语写，语写这件事便具有了确定性。不管语写 1 个字还是 1000 字，你都做出了语写这个动作。至于设定的 1 天语写 1 万字的目标，半小时或 1 小时就可以达成。如果实在没时间，就重新设定一个目标。先保证第一个目标（开始语写）确定能达成，再保证第二个目标（如 1 天语写 1 万字）确定能达成。

做其他事情，也可以设定多个确定性目标。第一个确定性目标，是能接受的最低程度，如看 1 页书、写 100 字、做 1 个俯卧撑等，只要开始，做出最小动作就能达成。第二个确定性目标，是希望追求的小目标，如每天阅读 30 分钟、语写 1 万字、做 100 个俯卧撑等。第三个确定性目标，是在突破现有的确定性目标之后，进行的更有难度的挑战，也就是在生存基础上求发展，如每天阅读 3 小时、语写 10 万字等。

2.3.4　把规划本身，放到规划当中

每个人都可以规划自己的人生。规划人生的能力，所有人生来就有。我们最好能把规划本身，放到规划当中。在我开设的人生规划课上，我会引导大家做好自己的人生规划。有的人说："老师，我想规划未来，但看不到未来的清晰画面，该怎么办？"

看未来的能力，很多人本来就有，只是需要练习。其中最重要的是想象力的练习，具体的方法包括：

主动去见识从未见过的事物，去体验从未有过的经

历，去从未去过的地方，可以去旅行、参与活动，可以在书上看，在电影中看……

比如，在电影中看到一个画面，某个海边，太阳跃上地平线，阳光洒满海面，波光粼粼，非常美。如果你希望未来自己能欣赏一次这样的日出，就可以展开想象，把自己放到这个画面中。可以想象自己在什么时候、什么地方、什么场景下，去看了这样一次日出，把自己融入这个画面中，体验自己在其中的感觉。

在这个过程中，你所设定的时间、地点、场景，就是你所做出的关于未来的选择。如果不喜欢人潮拥挤，想要安静地欣赏美丽的日出，那么时间不能选在假期，地点也不能选在非常热门的旅游景点。如果想营造浪漫的氛围，就想象和喜欢的人一起去。每个设定，都会为这个画面加入一份确定性，为未来的目标提前做准备。做好准备，未来自然发生。

如果看到的画面还是不清晰，就可以去看看别人的生活是怎样的，尤其是你喜欢的那些人。也可以从电影、电视剧、传记里面找出一些画面来。我曾经看过一部电影《海蒂和爷爷》，主角海蒂在阿尔卑斯山上奔跑，美丽的自然风光让人沉醉，这也可以成为未来生活方式的选择。

如果无论怎么努力，脑海中都没有出现具体的画面，那么可以通过文字去描述，一点点构建自己想要的生活方式。对于有些人来说，需要很长时间的练习，才能描绘出自己想要的生活。对于有些人来说，可能很快就能描绘出来。

想象未来，规划人生，我练习了 10 多年。高中时就看过相关的书，但没有进行过练习。进入大学后，我开始想象自己会成为什么样的人，在哪里工作，做些什么事情……从天马行空到描绘出具体的画面，一直持续练习了十几年。现在，每次练习想象未来的画面，我感觉已经沉淀成过去的事情。在今后的人生中，要做什么样的事情，要成为怎样的人，我心里已经有了答案。

如果要做的事情难度很大，做成它需要的时间周期很长，需要付出 3 倍甚至 5 倍的努力，你就要更努力 3 倍甚至 5 倍。有这样的认知，你对时间价值的感受会更加明显。

时间的价值，不在于时间本身给予你多少价值，而在于你到底做了哪些事情，这样有助于目标的实现。换句话说，在一天的时间内，做什么是最重要的，而不是这一天是哪一天。你要关注的不是这一天是哪一天，是工作日还是节假日，而是在这一天里你所做的事情是否有助于目标的实现。把注意力放在事情上，放在目标上，就可以做出很多选择，完成很多事。

实现每一次跨阶段的成长发展，我都要去"拥抱"一些不确定的事。每一次投入这些不确定的事情中之前，我都要尽可能降低风险。

2.4   勤奋努力出奇迹

2.4.1   找到自己的主心骨

读德鲁克的《创新与企业家精神》之前，我觉得创新就是异想天开，想象力足够丰富，才会有创新。但是这本书告诉我：所有的创新都来自勤勤恳恳的耕耘，一定要脚踏实地一步一个脚印地在一个领域深耕。

今年做这件事，明年做另一件事，3 年后换一件，5 年后再换一件……在 10 年内做了好几件事，看起来经历丰富，所能取得的成果却很小。如果能用 10 年时间，集中注意力，在一个领域努力深耕，所能取得的成果会比现在大很多。这就是勤奋努力出奇迹。一点点勤奋和一点点努力，并不能创造奇迹。用 3 ~ 5 年的时间，可以掌握一个领域的基础知识。如果要做到精通，成为专家，就需要花费更长时间。

坚定的信念，是把事情做成的保证。如果你对未来有信心，能培养自身的能力，未来就敢于应对遇到的困难和挑战。当然，确定一件事情可以做成，不是仅有信心就可以，还要在勤奋的基础上持续地耕耘。

如果一个人在年轻时进行了大量的尝试，却没有留下几件能长期做的事情，这个长期是指 10 年甚至 20 年以上，那么他很可能会遇到"中年危机"。原因就在于他在年轻时总是变来变去，确定不了自己能长期做的事情，到了中年想要稳定下来，却发现没有哪件事情是自己能一直做的。相反，如果他一直在做一件事，生活就有了主心骨。不管环境怎么变，工作怎么变，朋友怎么变，生活怎么变，这个主心骨都不会变。

每个人都可以选择自己的主心骨，关键是一直坚持去做，延续这件事的"生命周期"。比如，阅读和写作，不管我们处在什么样的人生状态下，都是可以延续的。如果一直保持阅读习惯，不管是多厚的书，不管是《资治通鉴》还是《二十四史》，就都可以读完。如果一直坚持写作，就可以用一生去写作品。比如，歌德写《浮士德》，从 20 多岁写到 80 多岁，写了 60 多年。

打磨一部作品，可能只需要 3 ~ 5 年时间，也可能需要 10 ~ 20 年时间。我曾看到过一个故事：

> 一个人花了 3 年时间写出了一部作品，结果书稿在一场大火中被烧掉了。大家都认为他浪费了 3 年时间，他自己也非常伤心。过了几天，他突然想通了，既然自己用 3 年时间完成了一部作品，接下来也可以花 3 年时间再写一遍。于是他开始重新写作，用了 3 年时间写出初稿，又用了两年时间修改，最终作品出版了，而且他认为第 2 版比第 1 版写得更好。

我们无须追悔过去，也不要过于关注未来模糊的事，要把注意力放在手边确定要做的事情上。不管未来有什么危机，我们会不会迷茫，都要关注此时此刻，关注今天能做的事。未来唯一可以确定的就是具有不确定性，我们要在不确定中找到确定性。找到确定性的方法，就是建立自己的主心骨。它可能是一种习惯，如冥想、跑步、打坐、阅读、写作等，无论碰到什么烦心事，遇到什么困难，只要有这么一件确定的事，心里都会很踏实。

只要找到自己的主心骨，并且坚持去做，未来能取得的成果一定比现在大，也会比我们想象的大。关键不在于这件事是什么，而在于持续行动，这会让我们进入一种有节奏的生活状态中。保持这种节奏感，做成事情的概率会更大。

如果你从大城市到小城市，观察一下自己的生活节奏，就能明显地感觉到其中的差别。在大城市生活，很多事情已经有了比较固定的节奏，顺应这种节奏，我们很容易做成事情。但是在小城市，我们有时会失去这种节奏，觉得哪里都不太对，也无法进入做事的状态中。出现这种差别的原因是环境变了。虽然很多时候我们的生活只局限在家里，使用的也只是家中的物品，但周边的配套，如公共交通、公共图书馆、公园、商场等都给我们提供了支持，影响着我们做事的节奏。

换一个环境，有人可能有几天感到不适应，状态不佳，需要重新调整状态，以适应新的环境。所以，如果可以，尽量不要改变环境，在自己的熟悉环境、熟悉的节奏中做事。

但坚持做某事的时间周期长，不可避免地会遇到外界环境发生变化的情况。这要求我们在面对变化时，能把握住自己的主心骨，能继续坚持完成确定要做的事情，不管是写作、阅读、跑步，还是冥想、打坐、做俯卧撑……**坚持做事，就是在给自己积蓄稳定的力量。**

2.4.2　有目标才有努力方向

勤奋努力出奇迹，需要建立在有目标的基础之上。有了目标，才有勤奋努力的方向。这个目标最好是非常远大的，大到以现在的能力不可能实现。

如果这个目标，在 10 年内就可以实现，那么 10 年后，我们就得换一个。当然，10 年后我们也可以在这个目标的基础上，再定一个 10 年目标。最怕的是把所有注意力都放在短期内就可以实现的目标上，每天一个目标，一年 365 天有 365 个目标，10 年就有 3650 个目标。10 年定一个目标，并朝着这个目标全力以赴，和 10 年定 3650 个目标，每天都换一个目标去完成，哪一种能取得更大的成果呢？

当然，如果写下目标后就忘了，实现目标就无从谈起。为了记住目标，可以养成每天起床后和睡觉前说出自己的目标的习惯。10 年目标，**每天重复，重复 10 年**；人生目标，**每天重**

复，重复一生。这么做，目标一定会深深地刻在脑海里。

拥有一个远大的目标，也是在给大脑"减负"。这辈子只记一个目标，相比于每天记一个目标，能节省很多精力和时间。可以把这些省下的精力和时间都投入到思考中，思考如何实现目标，如何行动把目标向前推进。

目标一定不能设定得太小。特别是赚钱目标，一定要足够大。如果按照现在的能力，去设定这一生的赚钱目标，就太小了。你的能力是会增强的，现在觉得做不成的事情，也许以后就可以做成，如赚钱能力也会提高，实现赚钱目标完全没难度。所以，目标有必要设定成以现在的能力 50 年做不成，甚至 100 年都做不成的高度，设定好后，我们便需要去思考如何战略性地实现它。

时间和金钱最大的差别在于，时间总量有限，金钱总量无限。过去无法追回，未来无法企及，我们只能抓住现在，调整时间安排，更好、更多地做事。但我们可以掌控金钱，使其增加。当遇到金钱问题时，可以想很多办法，哪怕在一天之内赚到的钱超过原来一年的收入，也不是不可能的。勤奋努力出奇迹，在赚钱这件事上，我们是在用单位时间做一件看起来几乎不可能发生的事,从而获得金钱。在定一个赚钱目标时,不能设定得太容易达成。

这一生,你想赚到多少钱?你在心里想一个赚钱目标。

- 这个赚钱目标,是非常明确的、有具体数值的,还是一个大概的范围呢?

- 这个赚钱目标,是以前思考过并且确定的,还是现在想到的呢?

- 这个赚钱目标,是以现在的能力,这一生都不可能实现的,还是轻轻松松就可以实现的呢?

- 这个赚钱目标,是坚定地相信自己可以实现的,还是半信半疑,或者完全不相信自己可以实现的呢?

- 如果这个赚钱目标是以前确定的,是否每天都会重复说出它呢?是否拼尽全力,抓住每分每秒,去实现它呢?

2.4.3 写下遥不可及的目标

如果你认为自己的目标很大,那么思考一个问题:目标虽然大，但能实现吗？世界上有没有人已经实现了呢？

　　还是以赚钱目标为例。如果目标是赚 1000 万元、1 亿元，甚至 10 亿元，那么还是有可能的。因为不仅有人做到了，还不是个例。可以分析已达成目标的人的数据，看看自己应该做些什么。目标不能仅写在纸上，还要有具体的行动推进。写下目标，早上念晚上想，甚至做梦都想，抓住每分每秒去行动，才能增加实现的概率。

　　网球世界冠军诺瓦克·德约科维奇，6 岁把"成为世界第一"作为自己的人生目标，18 岁成为世界冠军，到 2022 年赢得了包括 21 个大满贯、38 个大师系列赛和 6 个年终总决赛在内的 91 项职业网球单打冠军，多次排名世界第一。而他生于塞尔维亚，小时候经历了动荡的战火，每天的训练都伴随着防空警报。在这样的环境下，他依然坚信自己一定可以成为世界冠军，并最终实现了目标。

　　当你定下一个目标并写在纸上后，若任何人问及时，你都能坚定地回答出来，你就会发现目标实现的可能性很大。

　　定下一个目标，一定要白纸黑字写下来。为什么口头约定不能算数？因为口头约定很容易反悔。单纯地想想，或者在任何场合随口说出来的目标，都不能算数，只有白纸黑字坚定写出来的目标，才算数。有时候，别人答应我们一件事情，兑现时，却没有做到，原因可能是忘记了，也可能是我们无法提供证据。

目标也是一种承诺，对自己的承诺，白纸黑字写下来，就是最有力的证据。定下一个目标，只是想想、口头说说，如何证明这个目标的存在？如何确定行动是朝向目标的？如何告诉自己、告诉其他人，自己在付出努力来达成这个目标？

目标遥不可及，就不追求了吗？**正因为目标遥不可及，才要追求，才要用一生追求！**要追着目标一直到老，拼尽全力，如果最后没有追到，那么也许当年确实把目标定得太大了，但看看自己走过的路，相比于出发时，远了不止一点点，收获的成果也超出了当年能做到的极限，这就够了。

2.4.4　努力实现你的目标

目标没有实现的原因大概有两个：

- 一是忘记。不记得自然不会去做，也就无法实现。只有记得目标，才有可能实现目标。

- 二是放弃。没到设定实现目标的时间，就早早放弃了。比如，写的是 5 年实现目标，结果 3 年后不做了。又如，定下一个目标，自己既有资源又有能力，直接做就能实现，结果选择不做，换了个目标。

目标只有两个结果，实现和未实现。当其他人问："这个目标实现了吗？"我们只能回答是或否。实现了就是实现了，没有实现就是没有实现，没有第三种答案。有人常常哄骗自己，找一些理由或借口来说明目标为什么没有实现。千万不要哄骗自己，不要觉得目标有没有实现无所谓，目标有没有实现代表着我们对目标是否足够认真。

比如，白纸黑字写下的赚钱目标，最后赚到或没有赚到，一目了然。即便你没有写下来，房租／房贷、车贷、生活费、孩子的学费等也会告诉你有没有赚到钱，有没有实现目标。在赚钱上哄骗自己，是对生活不认真。柴米油盐需要钱，身边的人生活需要钱，和你合作的人需要钱……赚到钱之后，你可以选择用自己喜欢的方式花钱，但前提是赚到钱。如果你能在其他事上稳定地做到，那么也能在赚钱这件事情上稳定地做到。

　　我相信，一个人定下一个过去认为不可能实现的目标，未来应该并且确定可以实现。学习和成长的目的，不就是进步？既然会一直进步，那么我们不能以现在的标准衡量以后的事情。如果以现在的能力水平就能预测未来取得的成果，就说明没有进步。

　　年轻时进步速度快，难道年纪大了，就不能快速进步了？当然能，而且有了年轻时打下的基础，年纪大了进步速度可以更快。比如，原来月收入为 10 000 元，当涨到 20 000 元时，我们会非常开心。后来如果再涨 10 000 元，我们的感受便不会像第一次那样深。增长的数额没有变化，变化的是基数。无论如何，我们都是在进步，只是进步的感觉没有以前那么明显。可能需要取得原来 4 倍甚至 10 倍以上的进步，才能有和以前一样进步的感觉。

　　换句话说，当勤奋努力了很长时间，对于小的进步我们早已习以为常，只有取得跨阶段的进步才会有明显的感受。但跨阶段的进步，通常不能在很短的时间内取得，需要经历很长的周期。有时候我们还需要经历平台期，花费 5 年，甚至 10 年的时间在一个地方深耕，才能爆发。

　　人不可能一直爆发，时间长了会后劲不足。这就好比一把枪，连续射击，子弹打完了，需要缓冲一下换个弹夹。在一个领域深耕三五年，取得跨阶段进步后，要补充能量，拓展边界。

　　勤奋努力出奇迹，希望这种奇迹出现在更多人身上。

2.5　主动销售

2.5.1　销售的核心是做人

阅读《销售圣经》，会发现，现在的销售和过去有所不同：

- 过去销售以推销为主，需要去找客户。现在绝大多数的生意，都是客户主动来找你，客户比以前更清楚自己需要什么。

- 客户的选择范围更大，可选的商品比以前更多。比如，选择课程或服务来学习一项技能，可以找到很多教授课程或提供服务的老师。

- 客户越来越不希望被打扰。以前上门销售很正常，现在上门、电话销售，经常会被客户认为是一种打扰。

- 客户的学习能力更强，他们希望实现更高的自我价值，主动寻求自己想要的产品或服务。

总的来说，现在的销售和以前相比，最大的不同在于主动方从卖方变成了买方。如果你是卖方，只需要提供价值或展现价值，客户就会主动找过来。如果在做成的生意中，有 90% 及以上是客户主动来找你的，就说明你的产品或服务很不错。如果主动找过来的占比比较小，就要思考自己的产品或服务需要在哪些方面改进以提升价值。

当然，积极主动地链接客户，也是非常有必要的。如果产品或服务有更新迭代，要组织线上线下活动，社群有任何新的动态，都需要及时发布消息，告知客户。客户得到消息之后，会主动进行选择。

现在广告随处可见，如何让客户在有需求、看到广告时马上想到你呢？究其本质，就是做人。

第一，持之以恒地做自己该做的事情，提升专业技能。

第二，持续为客户提供价值，满足他的需求。

第三，做长期的事情。当客户有需求并想起你时，只要你能及时回应，就能做成这单生意。客户想起你的时间是不确定的，可能在知道相关产品或服务之后，也可能要过很长时间。如果你一年换一个领域，当客户想起你时，你已经不销售相关产品或服务了，自然无法做成这单生意。长期耕耘才能不断获得新客户。

2.5.2　积极主动地销售

积极主动在哪里都适用，销售也是如此。积极，既包括积极主动地行动，也包括拥有积极的心态。

很多人觉得自己不会销售，做不了销售员。实际上，每个人都可以成为销售员。有时候，销售指的不一定是售出某种特定的商品，让他人认同你的想法，改变自身行为，也是销售。

有时候，销售员想把商品卖给你，不单单是想从你手中拿到钱。大部分人对于商品的了解程度不高，所以才会有销售这个环节，销售员有时候是想把商品介绍给更多人，让其创造价值。

有很多销售员是带着使命进行销售的。他们认为客户现在的生活方式需要调整，而自己所提供的产品或服务恰好能给客户提供一种更好的生活方式，自己的使命是把这种生活方式告诉客户，让客户知道如何更好地生活。当销售员能力足够强时，他就能影响足够多的人。

培养孩子，从某种程度上也是一种销售行为。很多父母在教孩子时希望自己教一遍，孩子就能学会。事实上，父母不可能强制要求孩子：你今天必须学会，以后也不能忘。孩子的成长有一个过程，父母可以让他多花时间学习需要掌握的知识。他不一定马上就能学会，但是重复多了，也就学会了。

客户也是如此。开始客户可能无法理解新事物带来的好处，等他理解后，也确定是自己想要的，很快就会投入其中。在客户没有理解之前，我们无法强加给他。有时候客户需要觉醒时间，等客户觉醒了，接受新事物的速度会变得很快。但在客户觉醒之前，我们唯一能做的是让客户知道这个新事物的存在，并且唤醒他的兴趣。

我喜欢将一个简单的行为，从 0 到 1 构建起来，长期地做到，并取得成果。成果是指很多倍的增量。我在创业过程中提供的服务包括语写、时间记录、阅读、记账、人生规划、商业增值 6 个体系。

- 语写：绝大部分客户在认识我之前，从来没想过 1 天语写 1 万字能变成一种日常，并且在训练一段时间后，能够轻松达成。

- 时间记录：很多人没有想过把 1 天 24 小时的时间花销记录下来，让自己的时间增值。

- 记账：我设计了一种面向未来的记账方法，不仅记录过去的账单，也记录未来的账单。

- ……

我们具备面向未来的能力，但绝大部分人没有发挥出这种能力。为了让这种能力被发挥出来，我们可以在人生规划、时间记录、语写体系里，通过工具，把纯粹的理念变成看得见的数据，相信自己，认真训练，进而收获成果。

我有着一种使命——让更多人知道通过这些方式可以提升自我，过上想要的生活。我也相信有人需要相关的产品或服务，这种需要不是可有可无的，而是确定需要的。一旦有需要的人发现了这些方式，就会说："为什么以前没有发现呢？"

我们要做的是让更多人知道，人们自然会分辨自己是否需要。真正需要的人，一定会来找相关产品或服务的提供者。

有很多服务会使用 App 来承载，标准化、可操作，减少学习成本，也能更好地将理念传递给用户。一门复杂的体系化的课程，通过 App 能变成可操作的工具，让人在实践中理解理论。比如，在教数学几何时，与其直接让学生学习面积、体积、角度等相关公式，不如先把三角形、圆柱体、菱形、扇形这些具体的实物拿到学生面前，让他们熟悉之后再学习相关公式。

用 App 的形式，能把用户要做的所有步骤变成一个个操作功能，直接操作就能看到结果。如果不是有一线的教学经验，我是不会去设计 App 的。语写、时间记录、阅读、出书、记账……这一系列的 App，用户需要学习训练，才能很好地运用。真正好的 App，设计者不需要花费很多时间告诉用户怎么用，用户只要打开就可以顺利地操作。当每一次开发新产品或新服务时，我都会倒逼自己把相关的 App 打磨得更好。App 的每一次更新也会同步给深度用户，让他们知道并进行尝试。

2.6　最好的积累，是创造作品

从长期来说，要尽可能沉淀自己的作品。如果觉得只积累他人的作品还不够，就下决心创造属于自己的作品，这绝对是积累最好的方法之一。即使已经做了很多事，一直在积累，最好的积累依然是创作作品。有时候做了很多事，并不意味着我们真正清楚自己要做什么。然而，如果创造了作品，等作品成形产生价值之后，我们就能慢慢知道自己要做什么。

作品可以作为创作者的关键词，代表其形象。我有很多种能力，做了很多事情，创作了很多作品。比如，我以"极速写作"为主题，出版了自己的第一本书《极速写作：怎样一天写 10 万字》。我把过去几年在写作上的研究写在书中，将目光聚焦在"写作效率"这个细分领域。如果有人需要提高写作效率，就可以使用书中的理论。和我同时代的用户会因此和我产生链接，跨时代的用户会运用书中的理论改善自己的创作过程。

后来我又写了以"时间"为主题的系列图书，包括《时间记录》《时间增值》《时间价值》《时间作品》。读者看了之后，知道我对时间也有所研究，由此我的关键词又多了一个"时间领域的专家"。如果有一天，我写了其他主题的书，读者就会有新的认知，在我的身上再增加一个关键词。

创作者通过作品来告诉其他人：他是一个怎样的人，他在做什么……如果希望向外界展示自己，就可以创造对应的作品。这里的关键在于呈现作品。

要将阅读和写作相结合，最好能创作出自己的作品。会写也能促进更好地阅读。要创作出自己的作品，最有难度的依然是创作本身。我鼓励大家尽可能多写，并且在写完之后做修改。有人觉得修改的难度很大，的确，修改是比较花时间的。如果创作者开始就知道会修改写出来的内容，写的时候就会更认真，更注重品质，因为已经把它当成作品，而不是随意写写，凑字数完成任务。

在语写训练中,有一个阶段专门训练修改。早期,当学员语写 100 万字之后,我会要求他们修改内容,看看能否修改出 10 万字的作品,也就是一本书的体量。后来学员越写越多,所写内容更多是在表达感受和一时的灵感,修改逐渐不作为硬性要求。

语写训练的发展,有点像迪士尼乐园修路。世界建筑大师格罗培斯设计了迪士尼乐园,到了快要开放的时候,却还没有确定景点之间的线路。后来他在一个葡萄庄园里看到庄园主让人们自由选择摘取葡萄,由此得到启发,派人在迪士尼乐园的空地上撒上草种。几个月后,园内绿草如茵,游客们走进迪士尼乐园,自由选择穿行的路径,在草地上踩出很多小径。他又派人在这些小径上铺设了人行道。

语写是一个工具,每个人都可以使用这个工具做自己想做的事。随着进行语写的人越来越多,语写的边界不断被拓宽。我也选择了顺其自然,更加注重基本的速度、正确率、断句等要素,让语写之路更加符合人的需求。

事实上,如果希望创作出好作品,还是有必要对作品进行修改的。语写是将思维从脑海中"打印"出来,修改则是用更精准的语言"表达"思维。打磨作品是为了重塑思维，对问题进行更深入的思考。一般来说，草稿就是我们要打磨的作品，把草稿变成作品，才会产生结果。就像在考试中，我们会打很多草稿，要想得分就要把草稿誊写在考卷上。

在一种特殊情况下，草稿很重要，即草稿本身就是相对完整的作品。比如，卡夫卡在去世前将自己的作品草稿托付给朋友，并请朋友烧掉，原因是他对自己写下的内容并不满意。但他的朋友看了这些草稿后，觉得内容不错，舍不得烧掉，偷偷将它们留了下来，整理并出版。这才让读者看到了卡夫卡的更多作品。

想办法创作出完整的作品，大概是我们运用自身资源去创造增量的最好方式之一。作品，可以以任何形式存在，如图书、论文、照片、视频、画作……作品一旦发布出去，就会被传播。因此作品的传播成本一定要尽可能低，成本越低传播范围越大，成本越高传播范围越小。

在朋友圈，几句话加几张图片，就可以构成一个小小的作品，但其传播范围只局限在一个人的朋友圈内，不具备广泛的传播性。如果将允许朋友查看朋友圈的范围设置为最近三天，就更无法扩大传播范围。

　　一本书出版后，是一部完整的作品，它脱离创作者独立存在。作者在做其他研究或写新书时，这本书依然在传播，甚至100年后依然在传播，因此书的长期传播成本很低。基于这一特点，书里写的内容要尽可能是长期的，是经得起考验的，不随时间变化而变化。当写书的时候，我们要有这样的期待，希望书中的内容能持续给人以启发，并且10年后、30年后，甚至50年后，当自己重读所写的内容时，还能有新的启发。

第 3 章

终生成长，
时间复利的生产力

3.1　人是环境的产物，积极创造环境

3.2　对自己有要求

3.3　持续进步的动力

3.4　阅读，是成长的基本路径

3.5　生活中的长久决定

3.6　人生特定阶段

3.1 人是环境的产物，积极创造环境

3.1.1 这是最好的环境，也是最差的环境

每个人都生活在特定的环境中。人是环境的产物，同时也是环境的创造者和改变者。环境也可以塑造不同的人，它既可能是好环境，也可能是坏环境。正如我们常常听到的那句狄更斯的名言："这是最好的时代，也是最坏的时代。"既然人是环境的产物，那么我们可以自主选择所处的环境，但无论选择哪一个，都是我们的选择。

如果处在好环境中，那么我们要做的是继续待在好的环境中，让自己越来越好。如果处在坏环境中，那么我们可以选择到好环境中去。如果去不了，就要发挥自己的主观能动性，改

变自己对环境的看法或改变所处的环境，努力向前。

有这么一个故事：

在一个加油站，一个加油的人问工作人员："你们这里的人怎么样？"

工作人员没有直接回答，反问他："你从哪里来？那里的人怎么样？"

加油的人说："我们那里的人这也不好，那也不好……"

工作人员说："我们这里也一样。"

这个人没再说什么，加满油就走了。

不久，另一个加油的人来了，也问工作人员："你们这里的人怎么样？"

工作人员也反问他："你从哪里来？那里的人怎么样？"

他说："我们那里的人都非常友善、诚实、善良，和他们生活在一起，非常开心。"

工作人员说："我们这里也一样。"

一旁的同事觉得很奇怪，问他："同样的问题，为什么答案完全不一样？"

这名工作人员说："这取决于他们自己对环境的看法。"

环境既有好的一面，也有不好的一面。你看到的是哪一面，就决定着你对它的认知是怎么样的。如果所处的环境不好，那么可以尝试转换视角，看到积极的一面。

3.1.2　主动选择环境，积极创造环境

我们也许很难在短时间内改变自己所处的环境，但从长期来说，每个人都可以改变自己所处的环境。确切地说，每个人所处的环境必然会发生改变。在比较长的时间后，将自己放入和现在完全不一样的环境中，也是有可能发生的。

我在 2013 年到 2022 年这 10 年间，至少改变了 4 次所处的环境，每一次都到了相对更有挑战，也更容易创造的环境中。通过自身努力，我们是可以做到改变环境的。

- 主观视角的改变，可以通过大量阅读拥有多维视角，训练自己的积极思维。

- 客观环境的改变，最直接的方法是把自己"搬"到喜欢的环境中。这种方法相对来说有一些难度，但可以通过把时间拉长来做到。比如，用 3 年时间做准备，3 年后到想去的环境中，也是非常值得的，因为这个决定可能影响自己一辈子。如果在短期内无法彻底改变环境，可以选择改变一些小场域，如改变家中的布局，重新布置办公桌等，让自己更舒适，心情更好，做事的效率也会提升。

改变所处环境的关键是主动选择，积极创造，而不是任由生活把自己随便扔到一个地方。

改变所处环境的理想状态是让环境和自己同频共振，从而变得越来越好。你也可以成为环境的影响者，发挥主观能动性，改变和创造环境。看看自己的周围，哪些环境因素让你的生活变得越来越好？你又做了哪些事情，让环境变得越来越好了呢？

在语写的体系中，我构建了一个高效训练语写的社群环境：提供语写服务，陪伴学员训练，成长改变的每一步都清晰可见；通过设置语写 App，减少语写启动成本，从而让用户快速开始语写；组建语写社群，营造一起训练进步的互动氛围……

在商业增值体系的课程上，有的学员说自己不懂商业，而我一直觉得，每个人都具备商业能力。从出生开始，我们就已经生活在商业环境中，商业是生活的必需品。认为自己不懂商业的人，实际上并没有把注意力集中在商业领域。只要把注意力集中在一个领域，我们就会很自然地进行深入的思考，进而提升这方面的能力。

处在商业环境中，让自己获得商业增值，是一种责任。或者更直接地说，赚钱是一种责任。赚到多少钱，赚到后把钱用在哪里，因人而异。赚到钱，可以享受生活，也可以改变世界。这时候，想要改变环境，发挥的空间会大很多。

比如，埃隆·马斯克想去火星，想开启人类的太空计划，想赚到钱之后去买火箭，可他发现火箭太贵了，于是干脆自己制造。为了降低成本，制造的火箭还必须是可回收、可重复利用的。为此他创办了一家私人航天公司，并且打造出了第一枚可回收的入轨火箭。

假设财富积累到一定程度，你是选择享受生活，还是创造环境，影响世界呢？我曾看过一个采访：一对夫妻开发了一个网站，运营 5 年后将其卖掉，变现了 8 亿美元。有了这些钱后，他们选择享受生活。过了两年，他们又觉得自己想买的东西都买了，想做的事情都做了，手上还有一些钱，可以做些有意义的事情。于是他们开了一家创业咖啡馆，给创业者提供分享创意、互动交流、创业路演的场地，还有免费的创业辅导。通过这次选择，他们的影响力逐渐扩大到全世界。

3.1.3　创造性地改变环境

从长期来看，商业有利于社会的发展，商业增值，可以为社会创造价值，社会会因此发展得越来越好。每个人都可以通过自身的努力去改变自己，改变世界。

任何价值都是要付出实际行动，通过努力才能获得的。一夜暴富并不会让人真的变得富有，没有经过学习和训练的人，也无法驾驭突然获得的大笔财富。

有的慈善机构在进行扶贫时也会遇到同样的事情。慈善机构一开始直接把钱交给贫困的人，让他们自行支配。当过一段时间回访时，慈善机构发现有些人拿到钱后生活条件并没有变好。原因在于他们没有思考如何利用这笔钱给自己的生活带来长期改变，而是直接去买想要的东西。换句话说，他们没有考虑用这笔钱来投资，而是快速地消费掉。

于是慈善机构不再把钱直接给这些贫困的人，而是换了一种方式。比如，买来一批树，让他们种树，并且签订合同，要求种下的树 10 年内不能砍伐。这些树种下后，结出的果实可以卖钱，树本身也可以卖钱，每年都能给他们带来收益，但带来的收益不多，只够种树的人维持生活。基于这样的方式，他们每年都要付出劳动，好好照顾树木，收获果实，以保证收益。这种扶贫模式也是一种商业模式。采购树苗、移植栽种、培育养护、收获果实……每一步都是商业行为，有交易产生并且能长期运转。

回到我们自身，也是如此。天降奇"财"，往往无法掌控。只有找到合适的业务项目，跑通整个流程，放大个人影响，实现增值，获得的财富才是实实在在的。赚到钱，获得财富后，可以去认识世界，看看世界本来的样子，也可以投入到自己的兴趣爱好中，还可以和一群人一起成长……

人是环境的产物。我们可以主动重塑现有的环境，让它变得更好，也可以直接创造一个适合自己的新环境。就好像有一块空地，我们可以把它开垦为农田，在农田旁建造一栋房子，在房子四周种上花花草草，创造自己的"桃花源"。

要尽己所能地到最有价值的环境中去，想要获得什么，就到相应的环境中去。如果爱学习，就到学习的环境中；想做生意，就到做生意的圈子里；爱音乐，就到玩音乐的圈子里……还可以让自己成为成长速度最快的人，带着大家一起成长。

人是可以选择的，既然可以选择，一定要选有用的选项，不要选没用的选项。同时，慎重选择，因为一旦做出选择，就会影响终生。终生选择带来的长期价值一定是越来越大的。就像投资，如果一个投资标的持续上涨 20 年，一直持有就是正确的选择。如果涨到一定程度后卖出，多年后发现它上涨了 20 年，就要回过头想想当时为什么没守住，总结经验，用在未来。

3.2　对自己有要求

3.2.1　对自己要求越来越高

成长是一种什么样的状态？对自己的要求越来越高，对别人越来越没要求，这样就对了。如果对别人的要求越来越高，对自己的要求越来越低，就说明不是在要求自己成长，而是在要求别人成长。这也意味着，如果在生活中碰到了一些困难，就会将希望寄托在别人身上。有一种比较典型的情况是，老鸟飞不动了，希望小鸟慢慢飞。

在日常生活中，做事最好对自己有要求，而不要对别人有要求。对自己要求越来越高，能很自然地进入成长状态。可以盘点一下：最近在哪些方面，对自己要求越来越高？一定要对比数据。比如，原来可能睡到自然醒，起床时间不稳定，现在每天都能稳定在 6:00 至 6:30 起床，数据清晰地证明起床时间更早、更稳定了。

在固定的时间内做固定的事情，是非常有用的。布兰德在《成为作家》一书中提到：

> 锻炼写作能力的方法之一就是在固定的时间写作。

如果确定 16 点写作，那么不管当时在做什么，都要放下正在做的事情，马上开始写作，即使时间不允许，写 10 分钟也可以。如果希望培养某个习惯，那么可以记住一句话：在固定的时间内做固定的事情。坚持下来，习惯一定能培养好。

对自己有要求，意味着做事不以外界为衡量标准，只关注自身，明确自己要达成什么目标，有哪些确定的条件。不会关注到底有多少人在做同样的事情，重点是自己一直在做，一直在提升。

做事，就要持续做、稳定做、有能量地做、精神抖擞地做、全力以赴地做，也要相信自己可以把事情做好。带着这种状态行动，对自己的要求会高很多。

做事只对自己有要求的人的行为相对来说比较稳定。因为其做事的衡量标准，不是别人的反应是什么，而是自己做了之后能获得什么。比如，写作，是锻炼写作能力。写什么主题、花多长时间、写多少字数等，都是对自己的要求。对自己明确了这些写作要求，写作这个行为相对来说会比较稳定。

有时候，"老人家"比较容易对别人有要求，经常说："这里没有做好，那里有问题，而我们做得就比较好……"这里的"老人家"指的不一定就是年龄大的人，一个人可能很年轻，只有 20 多岁，却对别人的要求很高，也称得上"老人家"。这样的人容易对别人提出高要求，对自己放低标准，结果自己进步不大，甚至可能出现倒退。曾经有一段时间，我经常对别人有要求，结果做什么事都感觉有阻碍。后来我转变方向，对自己提高要求，做起事情来就顺畅很多。

3.2.2　用积极的信念，重塑内在认知

有人会感慨：打拼不易。如果认为打拼不容易，那么是不

是更努力一些，比过去努力 3 倍，努力 10 倍，打拼起来会更容易一些呢？当付出足够多的努力，是不是就不会觉得做事有难度了呢？

只要努力大于困难，困难就不是问题。从此之后，没有困难可以困住我们。哪怕有困难，也一定可以克服。换句话说，我们会遇到很多困难，会遇到很多挑战，但请相信自己，一定可以战胜遇到的困难和挑战。即使碰到很大的困难和挑战，我们也做好了迎接它们的准备。不逃避，直面困难和挑战，并最终战胜困难和挑战。要有强大的"心理能量"，充分相信自己能战胜困难和挑战，能创造更多、更好的价值。

如果带着这种信念和做事方式去生活，那么还有什么事情做不成呢？即使有没做成的事，也只是暂时做不成，和能力没关系。只要努力，就会找到解决方案，而且能解决得不错。

要求自己付出比困难更大的努力，困难就不是问题。不管即将到来的困难是什么，都要对自己提出足够高的要求，付出努力，做好准备，迎接困难。因为要战胜的不只是今天碰到的困难，还包括这辈子会碰到的困难。

对自己的能力和付出努力的要求，应该是最高要求。这种高要求指的并不是超出自己的能力范围去做什么，而是力所能及地把事做到极致。

最怕的是本来可以做得更好，可以战胜困难和挑战，结果只做到一般，让困难和挑战一直"积累"，自己为此要付出的努力比之前更多，过程可能更艰难。随着时间的积累，能力会不断提升，年龄会增长，承担的责任会越来越大，遇到的困难和挑战也会变化。年轻时多付出一些，做好迎接困难和挑战的准备，年龄增长后才能承担更多。

在日常生活中，通过建立信念赋予自己能量。这些信念本身不一定有多大的影响，但如果相信它，就可以低成本地解决一些问题。如果不相信，当遇到一些问题时，可能需要付出很多努力才能解决。

比如，有人相信未来会更好，而有人相信未来会越来越不好。这样简单的信念，对日常生活基本没有什么影响。但随着时间的累积，30年后，甚至50年后，两者会产生巨大的差别。

相信未来更好的人，会积极追求更好的生活，把生活变成自己喜欢的样子。而相信未来会越来越不好的人，可能得过且过，接受那些不喜欢的不好的生活。也许两个人的起点是一样的，但 30 年后，积极的人过上了理想的生活，消极的人依旧碌碌无为。

可以看看周围年龄相仿的人，有的人已经做成了很多事，有的人还不知道自己的未来会怎么样。回到自身，看看自己是哪一类人，拥有什么信念，有哪些做事方式，以及如何调整改进。

任何一件事，做到一定程度，都会给我们带来希望。原因就在于我们过去努力付出，以及对未来充满信心。

提两个问题：你是否相信自己是一个热爱学习的人？爱学习的表现有哪些？热爱学习，首先要有相信自己爱学习的信念，相信自己什么都学得会。其次用行动展现自己爱学习。有的人，每当学习新事物时，脱口而出的都是："我不行，我不能。"这样的人是很难有进步的。因为他无法通过语言让自己相信自己。

语言，通常是心之所想。面对一个新事物，哪怕心里不太相信自己可以学会，只要认真地说："我可以！"重复说很多次，自然而然就可以学会。潜意识很难在短期内被改变，最好的方式是坚持语言的重复。无论是大声说出，还是心中默念，每天重复说出内心想建立的信念，希望自己成为的样子，想要的生活的样子等，都将改变潜意识，重新塑造内在认知。

3.2.3　用积极的思维方式，转换视角

积极的思维方式有利于成功。

举个例子，同样是买房，房贷占年收入的 30%。有人想的是，年收入为 10 万元，拿出 3 万元付房贷，压力很大。有人会思考，一年要付 10 万元房贷，房贷只占年收入的 30%，现在年收入是 10 万元，只要想办法提升到 33 万元，就能解决这个问题。后者用的则是积极的思维方式，如果需要更多支出，就让财富增加。

再举个例子，财富管理方面的书籍介绍所购汽车价格占家庭总资产的 10% 是比较合适的。如果家庭总资产是 100 万元，那么买 10 万元的汽车是比较合适的。因为家庭在汽车方面的花费不仅包括购车的费用，还包括保险、保养、维修、停车等一系列消费，按 10% 左右的比例，购买 10 万元

的汽车相对来说压力比较小。如果你看中了一款汽车，价格为 100 万元，怎么办呢？那就努力让家庭总资产变成 1000万元。

遵循积极的思维方式，首先要确定自己想要什么，再反向推导自己要做的是什么，在保持事物发展规律不变的情况下，要达成怎样的目标，能不能通过自己的努力获得。

有的人考虑的是，既然只有这么多资源，那么只用这么多资源做成某件事。如果结果没有达到自己的预期，即便做到了，也可能觉得是迫不得已的选择。实际上可以遵循积极的思维方式来思考，既然结果无法达到预期，那么能不能提升时间价值，提高赚钱效率，增加事情结果的确定性？想要获得某种结果，即使能力不够，也可以通过自己的努力，持续行动，让能力得到提升，最终达成目标。

我更提倡阅读积极的信息，汲取积极的能量，写积极的文字。我的读书方法是，只读书中有用的信息。有时候，作者对于人生的态度，决定了我的阅读速度。积极心理学告诉我们：

> 过去能力不够，有些事情没有做到，这不是很重要，重要的是保持不断前进的状态，以及知道自己未来想要什么。

有人会有"不配得感"，即使有好事情发生在自己身上，也无法接受好运降临。如果你有这种感觉，就要改变这种想法，对自己说："我是值得的，生命只有一次，好事怎么就不能发生在我身上呢？"优秀或不优秀从来不是自己定义的。就好像一个人身高的高矮，很多时候要看和谁比，身高 1.78 米的人和身高 2 米的人相比，不高，但和身高 1.6 米的人相比，又算高。

很多人经常只关注自己没有的东西，而不是关注已经拥有的。一个人，年龄是 35 岁，有房、有车、有孩子，却只说自己有车贷、有房贷，负债沉重，人到中年，危机感强烈。但我从他身上看到的是希望，是资产。尽管有负债，但如果没有资产，银行就不可能贷款给他。只要盘点一下资产，绝对是多于负债的。多感恩已经获得的，而不是只盯着那些还没有获得的。

不要只做定性的评判，如厉不厉害、优不优秀、行不行等，要多关注定量的数据，比如，今天比昨天多读了 50 页书，这个月比上个月多语写了 50 万字等。数据，是进步最好的呈现方式。

如果想进一步探究自己的成效如何，可以观察自己的状态。比如，语写完之后看看内容，是描述生活中感恩的事情，是喜悦、希望、兴趣，是已经完成的事情、取得的成果、要改进的方向，还是抱怨、不顺、怀疑、拖延，如果看到写的是积极内容，是已经完成的事情，就会感觉这一天过得很好，如果看到的是负面的词汇，会感觉这一天过得很一般。

事实上，积极或消极，取决于自身的关注点。每个人脑海里都有一台相机，镜头对准哪里，拍下的就是哪里的照片。照片中是美好的人物和景色，还是乱糟糟的角落，取决于把镜头对准哪里。

3.2.4　用积极简单的语言，改变未来

语言，只是内在展示出来的非常小的一部分。一天语写 1 万字，看起来非常多，实际上当不写的时候，大脑依然在运转，在思考。大脑思绪的体量远远不止 1 万字，所以在语写训

练过程中不会出现没有内容可写的情况。语写要求把注意力都放到嘴巴上，让脑海里的思绪不经任何筛选，直接脱口而出，快速变成文字。

我们能通过语写的文字，看到潜意识里的自己，并且在语写中有意识地调整，说积极的语言。重复足够多次后，会发现自己说出的文字都是积极的，这也说明我们的思维方式发生了改变。**在语写中，和自己对话，是一种创造，要无比认真地对待脑海中的每一个字。**

世界是多样的，我们要学会选择，把注意力放在那些能对自己产生积极影响的内容上。比如，阅读一本书，即使书里有100 种解决方案，也要选择 1 种自己能做到的。

又如，在找对象时，有人会习惯只关注对方的缺点。如果你也有这样的习惯，就找出对方所有的缺点。如果对方所有缺点，你都能接受，那么他就是你要找的人；如果对方有一些缺点，是你一定不能接受的，那么他就不是你要找的人。当你能接受对方所有的缺点后，接下来用尽全力去找他的优点，每发现一个优点都是一个惊喜。用这种方法，肯定可以很快找到对象。

这种方法，也可以用来调整自己的状态。不管当下状态是好还是不好，都可以随时调整状态，让自己变得更好。当下状态很好，可以让自己再上一层楼。由此，你的内心是充满希望的，是积极向上的，也能在看完一本正能量满满的书之后，对自己说："一定要做最好的自己，去影响其他人，'以一灯传诸灯，终至万灯皆明'，让世界变得更美好。"

对自己有要求，说积极的语言，听积极的话，看积极的书……积极，是正视问题，当遇到问题后，找解决方案，而不是让问题成为问题，不断重复问题。有人重复诉说自己所遇到的问题，对自己说，对别人说。这个诉说的过程，实际上是在给自己绑上"枷锁"。一遍遍强调遇到的问题，不去找解决方案，只会一直活在过去，无法拥抱未来。

人一定会遇到问题和困难，但这些问题和困难，已经产生了，就属于过去，是无法改变的。既然无法改变过去，那就改变现在，改变未来。

可以通过积极简单的语言改变未来。脑海中的任何信念，如果觉得它在"扯后腿"，就可以选择放弃。首先，把不想要的信念写下来，然后划掉，接着，再写一个想要的信念，用积极简单的语言，清晰地写下来，记住它，重复它，直到它变成潜意识。用这种方法改变自己的信念，生活也会变得不一样。

举个例子，没有人希望自己穷一辈子，那么，"很穷"就不能出现在脑海中，而要有"不够富有"的信念。"穷"和"不够富有"，是两种不同的概念。穷，代表没有；不够富有，代表富有程度不够，未来充满希望，接下来要做的是让自己变得更富有。

在日常生活中，不要说"伤心""难过"，而要说"不够开心"。开心这个词是正面的，"不够开心"意味着可以变得更开心。也不要说"以后要做什么事"，而要说"已经做成了什么事"。"我以后会很富有"和"我已经很富有"，哪一句听起来更有力量呢？

重要的不是以前是什么样的人，而是以后要成为什么样的人，以及现在要做什么。以后要成为什么样的人，比以前是什么样的人更重要。如果更关注自己以后要成为什么样的人，你就会说："过去我的能力可能一般，但没关系，未来我会很厉害。"

　　平时要求自己说积极的语言，塑造积极的潜意识。记住，用词一定要简单，尽可能把所有虚词都删掉，删到无法再删。先写下你心中的积极话语，加上具体的目标，再看一下这些话是对自己的要求，还是对别人的要求。如果是对别人的要求，实现起来难度会很大，就改成对自己的要求。接下来就是去做，尽可能地做到，暂时做不到也没关系，继续努力，把力所能及的事情做到极致。

3.3 持续进步的动力

3.3.1 发展基础上的生存线

不知道你有没有过这种感觉：休息日很忙，工作日反而能做一些想做的事情。

相比于休息日，工作日生活规律很多，时间虽然不够用，要做很多事情，但都能一一安排，最终完成的事情也更多。为什么工作日明显比休息日更有动力，做事的节奏更快呢？为什么时间不够用，做事效率却更高呢？因为每个人做事都有持续进步的动力。

保持 100% 的完成率，比保持 99% 的完成率，容易很多。

每天语写比今天语写明天不语写，容易很多。日更比时不时写一篇，容易很多。在有节奏、有规律的情况下把事情做成的概率，比在完全没有节奏、没有规律的情况下，要大很多。所以，工作日虽然看起来很忙，但做事情的效率高很多。

在持续进步这件事情上，不分工作日和休息日。要做的事情，要一直持续做下去，不管是公开的，还是未公开的。

为什么要持续进步呢？因为我们要在生存基础上求发展。换句话说，求发展的目的是让自己再次设定生存线。先设定生存线，再求发展。如果想保持持续进步的动力，就要一次又一次地设定生存线，提高自己的生存线水平。

原来只能做一件事，现在能多做一件事，同时完成两件事，这就是进步。比如，一直坚持每天语写 1 小时，逐渐有了余力，于是加上每天阅读 1 小时，再用半小时培养一个新的小习惯，这样每天有 2.5 小时来做自己安排的事情。

这就属于在保证自身未来发展的基础上，设定的生存线。换句话说，设定生存线不是为了让现在的生活过得多好，而是为了未来在发展基础上求生存，让生活越来越轻松。

如果一直在生存基础上求发展，没有在发展基础上保生存，只是保持最低生存线的水准，就很容易乐以忘忧。原本能力还可以，过了几年，突然觉得能力退化了，生存起来很吃力，原因就是没有保持持续进步。

"在生存基础上求发展"和"在发展基础上保生存"，两者的出发点是不一样的：

- 在生存基础上求发展，首先要保住生存，再求发展。

- 在发展基础上保生存，指的是虽然发展起来了，还是要做一些常规的事情，保证发展真的在发展。

在生存基础上求发展，在发展基础上保生存。发展生存线是持续进步的动力。

能在发展基础上保生存的，属于生活得还不错，打算求发展的人。求发展可以做很多事情，但我们要让每件事情都朝着相同的方向发展，集中力量，取得更好的发展效果。

3.3.2　从"终生学习者"到"终生每日学习者"

很多人说自己是终生学习者。但判定一个人是不是终生学习者，不应看这个人怎么说，而应看数据。比如，这个人是终生每日学习，还是终生每年学习？这个颗粒度是不一样的。每年努力两个月，和每天努力两小时，是完全不一样的。
两者进步的幅度在短期内可能没有差别，但从长期来说，相
差甚远。

一个真正持续学习的人，每天都在学习，每天都在进步。
间歇性努力和持续性努力，所产生的结果完全不一样。如果你
是每天都会看书的人，那么不管是什么样的文字，都能读得进
去，起码不会太排斥。一个长期不阅读的人，突然拿起一本
书，就很难读进去。

过去说自己是一个"终生学习者"，现在要说自己是一个
"终生每日学习者"。

如果大家都是 21 天、3 个月或 5 个月培养一个习惯，希
望在看完这本书之后，下一次能以年为单位培养习惯。如果已
经能以年为单位培养习惯，下一步就以 50 年为单位。当做一
件事以 50 年为单位时，前 3 ~ 5 年只是起步阶段，3 ~ 5 年
后再看有没有收获，10 年后则不用管它有没有产生重大成果，
只要坚持做下去，培养这一习惯就好了。

不要说某个习惯、某件事、某个道理多有用，而要直接
问："从现在开始我可以做点什么？今晚 10 点前可以做完什

么事？"把要做的事向前推进。我们要的是有确定性的结果，也就是把想法转化为行动。任何好的想法、好的道理，在没有转化为行动之前，都不是自己的。为什么有人总能做成事呢？因为他在听了某个道理、有了某个想法之后，把其转化为了行动，并且做到了。

每天保持的生存线，是在发展基础上的生存线。不论是学习 1 小时、阅读 1 小时、写作 2 小时，还是其他习惯，都要稳定保持在发展基础上的生存线，接受新事物、新概念的能力才会更强。阅读和写作，是保持进步最基本的方式之一，也是一个人成长的基本路径。如果要保持持续进步，就要每天保持阅读和写作习惯。

3.3.3　持续阅读，持续进步

我们不可能没有时间阅读，但是否真的花时间去阅读了，答案是不一定的。

当机会就在眼前，自身也拥有某种能力时，想要抓住机会，关键得看当下是否能充分发挥已有的能力，及时抓住机会。

在人物传记或成长类书籍中，我们会经常读到作者或主角在讲述自己的持续进步时，提到每天都做了什么事情。书中用的是"每天"，这是一种非常高的要求。任何事情加上"每天"，难度都会变得非常大。每当读到"每天去做"什么事情时，我都会把书中的时间转换为具体时间。某件事如果打算做一年（假设一年为 365 天），就是连续做 365 天；如果打算做 2 年，就是连续做 730 天；如果打算做 5 年，就是连续做 1825 天；如果做 10 年，就是连续做 3650 天……

如果持续阅读，就总会认识新的事物。不管读什么书，都能在书中获得新的认知，哪怕一天两天没有收获，持续阅读一年也会有收获。

持续阅读一年，我们会发现，自己很少会感到孤单或焦虑，阻碍自己进步的情绪和状态都消失了。因为我们总是有事可做，可以随时拿起书开始阅读，而且越读越有味道。

时间长了以后，我们会遇到不同的书，有不同的感受。有的书，可能很有名，但读起来就是无法产生共鸣；有的书，可能很冷门，没几个人知道，但读了之后，觉得很满足，人生很充实。

在阅读过程中，我们会一次又一次地发现生命的意义，一次又一次地找到自己的使命。比如，有些书中会有很多提问，我们可以不用全部回答，但书中的提问方式，可以极大地启发我们思考，让我们觉察自己的人生状态，做出行动。**持续行动的动力，来自每天真正去做。持续进步，来自每天所做的看起来很简单的事情。**

成功哪有什么捷径，就是不断地把简单的事情做到极致。我曾看过一个视频，视频内容是某个医学院的学生练习手术缝合，他们在腹腔镜下练习缝合，非常简单的动作，要做到又快又准，因为这是在抢救生命。这个动作需要不断练习，手越稳，水平越高。在日常生活中，我们要训练的是自己的大脑。大脑越用越灵活，多看，多用，才会持续进步。

可能有人说："书读多了没什么用。"不要只判断他说的这句话的对错，而要看是什么人说的这句话，这个人做过什么事，为什么说这句话。要弄清楚他为什么会得出这个结论，是因为读了足够多的书之后，认为读书没用，还是读的书太少，认为读书没什么用。书读多了没有用，是每天读 10 小时没用，还是每天读 10 分钟没用；是过去 5 年读书超过 300 本的人认为书读多了没有用，还是不超过 10 本的人认为书读多了没有用？

就像一个人说："钱多了没有用。"在判断对错之前，要看看这个人到底有多少钱，是因为非常富有或有过很多钱之后，认为钱多了没有用，还是一直没有钱，才得出的结论。

如果遇到一个读书比你多、赚钱也比你多的人，就可以问问他："书读多了有没有用？钱多了有没有用？"或者找一个读书比你少很多，赚钱也比你少很多的人，问同样的问题。两个人的答案可能是相反的。当得到与事实不相符的答案时，多问一问：结论从哪里来？数据支持是什么？

阅读后，要把书中的道理转化为行动，把书中所说的具体行为作为日常生活的一部分。一个人在一天中，培养很多种习惯，有没有可能？完全有可能，只要找到合适的方法，进行训练就可以。没有经过训练和经过训练是完全不一样的。在《微习惯》一书中，提倡把习惯拆分为多个微习惯。持续训练，掌握培养习惯的方法，就可以同时培养多个微习惯。

阅读是一辈子要做的事情。把阅读这件事，做一辈子，难度并不大。不管有没有钱，都要多阅读。还可以找到身边的公共图书馆，这是可以运用的最大阅读资源之一。写作也是一辈子要做的事情。写作来自潜意识，来自已经感知的这个世界的一部分。通过阅读，可以感知到在日常生活中感知不到的部分。书籍的作者可能生活在几百年前，我们无法穿越回去，但我们可以通过阅读，通过作者的文字去感知几百年前的世界，以及他对世界的看法。

3.3.4　家长持续进步，孩子也会持续进步

有人说："没有时间阅读怎么办？"实际上，不存在没有时间阅读的情况。如果你真的是一个每天持续学习的人，那么不管多忙，不管是否要带孩子，都能抽出时间来学习。如果家里有孩子，家长的阅读习惯、学习习惯就会对孩子产生深刻影响。

影响一个人，很难通过语言快速影响他，但可以通过一系列行为，逐渐影响他、改变他。父母教育孩子，身体力行是最好的方法。当孩子看到家长在看书、写作时，他会想爸爸妈妈一直在做什么，似乎很有意思。慢慢地，孩子会模仿家长的行为，喜欢上家长所做的事。如果家长坚持每天看书，他就会认为一个人每天看书是正常现象，不会觉得每天看书是一件奇怪、不正常的事情，甚至觉得不看书才不正常。

　　一个有阅读习惯的家庭，对孩子行为的影响巨大。有的家长每天会要求孩子多读书，自己却从来不读书。同样一件事，要求别人做，但自己从来不做。

　　还有一些家长抱怨："孩子睡觉睡得很晚。"如果家长睡得晚，孩子睡得晚就是很正常的现象。为什么有的孩子睡得早呢？因为家长睡得早。

　　如果一个人在疲倦感袭来的时候，没有马上去睡觉，那么等这一阵的疲倦感消失之后，即使躺下准备睡觉，也不会很快睡着。所以要想培养早睡习惯，尽量在疲倦感袭来时，停下正在做的事情，马上睡觉。坚持这一原则，基本不会出现失眠的情况，白天也有足够的精力。小朋友也是一样的，注意观察他白天的运动量，以及作息规律，察觉到他有疲倦感时，马上安排他睡觉。

　　如果能保持每天阅读和写作，每天早睡早起，那么身边的人也会受到影响，尤其是最擅长模仿的孩子。人是环境的产物，家里都是书，孩子会不阅读吗？到点熄灯，孩子会不睡觉吗？与其不断教育孩子要做什么事情，要培养他什么习惯，不如把自己教育好。

作为家长，我们持续稳定地在家中做某件事，阅读，写作，工作……孩子看到一两次，可能并没有什么影响，但从长期来看，他从小在这样的氛围中成长，孩子长大以后，阅读写作会成为他的日常，持续稳定做某件事也会成为他的生活方式。

我们非常稳定地做一件事，孩子非常稳定地看我们做这件事。在孩子的认知中，稳定的习惯可以被培养，每天去做，难度不大。长大后，他也能非常稳定地做事。稳定的习惯，不仅可以培养，而且稳定的习惯，可以被稳定地培养。

3.4　阅读，是成长的基本路径

3.4.1　阅读，自学的必备能力

十几年前，我看到一位作者在书中写道："没有什么技能是不可以通过阅读学会的。"当时我的第一反应是，怎么可能？后来我通过亲身经历证实了这句话。做大数据分析时，很多专业知识，我都不太懂，于是上网找资料。开始收获很多，后来渐渐感觉网上的资料都比较碎片化，最后我通过阅读学习专业书籍，系统化地梳理大数据知识。

大部分能学习的知识或技能，都可以通过阅读学会。技术迭代很快，书上的知识会滞后，但要整体性讲述原理性知识、系统化结构，还是书里最清楚。

学习是从不会到会的过程。不会的时候，就是不会。如果稍微会一点儿，通过上网查阅资料，就可能解决手边的问题，但依然不能全面地掌握专业知识。要解决这一点则需要阅读相关领域的书籍，可以先从门外汉成为入门者，了解这个领域的系统框架和基础知识，再根据自己的需要，主动学习，掌握框架里的一个个知识点和细节。

自学是能够伴随一辈子的能力。如果年轻时不培养，越往后，自学能力培养的难度就越大。巴菲特每天阅读4～5小时，但真的要做到这件事，难度特别大。首先，阅读是一个脑力活，也是一个体力活。不管是坐着看，还是用其他姿势看，4～5小时都不是一个很短的时间，一个人通常很难保持一个姿势这么久。其次，书看得越多，获取的信息量越大，大到一定程度也很难处理，并且在阅读的过程中，突破自己的观念，所花的时间是最多的。

这个世界很大，既要学习现实世界的大，也要学习书本世界的大。现实世界，有很多地方，你从未去过，去的地方越多，越会觉得惊叹。书本世界，也有很多地方，你闻所未闻，读得越多，越会觉得震撼。人生短短一世，认真选择自己要去的地方，既包括现实存在的地方，也包括思维空间，也就是精神空间。

3.4.2 阅读的关键，是用在生活中

如果读完一本书，什么都不记得，但在日常生活中，无意识地按照书中介绍的方法做事，再回想起来，书中将这种方法写得非常清楚，能感受到这本书对自己产生的影响，书就读到位了。

当读完一本书，不记得书中说了些什么，但觉得这本书很好，又说不出哪里好时，就说明你真的从书中收获了一些感受和体验。就像初入职场的小白，觉得某一位领导还不错，但又说不出他哪里不错。多年后回想，还是觉得这位领导当年对自己很好，可能记得一些细节，如他说过的话、教过的工作技巧、给出的一些指点等。

读一本书，读到自己不太记得内容，但自身行为会被这本书影响，会按照书中的方法去做，说明它真的对你产生了影响。有的书读完之后，完全不记得了，如果这本书是身边很多人强烈推荐的书，它能影响一个人的行为，是非常好的书，就多看几遍，3 遍不够，看 5 遍、10 遍，甚至 20 遍，一定可以

从中明白一些道理。

还有一些书，可能是小众领域的书籍，也没听谁推荐过，你读完后可能完全没有收获，但不要因此放弃阅读。我相信一定有一本书会对你产生影响。

找老师也像读书，遇见好老师，就知道这是想要追随的老师。老师也很希望遇到这样的学生，学生一来到老师面前，老师就知道这是想要教的学生。遇见就是一种幸运。所以，在广袤的时空中，一定有你想读的书，有你想追随的老师。

阅读可以让我们看到很多事情的本质，让我们认真对待生活中重要的事情，而不去关注鸡毛蒜皮的小事。在重要的事情上拼尽全力，在不重要的事情上减少关注时间。

3.4.3　阅读创造精彩

如果希望自己不断进步，就可以培养阅读习惯，最好是一天不读书，就感觉手痒痒，总要坐到书桌前翻开书看一看。

阅读创造的精彩，能让人短暂地"脱离"日常生活。你可能刚好遇到一些烦心事，也可能在思考自己的未来，翻开书开始阅读后，注意力就会转移到书上，会开始思考书中的内容。

书中讲述的内容是"脱离"日常生活的，能让你思考很多平时不会想的事情，发现很多新视角。

生活有两个方面，一方面是处理日常具体琐事，另一方面是不断丰富琐事之外的精神世界。如果每天只关注日常琐事，不思考更长远、更深刻的事情，很容易纠结于琐碎，拘泥于小节，浪费时间，浪费生命。

既要有长期思维，也要有短期行动力。有长期思维，是指有长远视角，看到 20 年后，甚至 50 年后的自己及生活，不被当下的问题和困难困住，清楚地知道这些只是暂时的、微不足道的，要追求长期发展和成果。有短期行动力，是指现在立刻行动，今天就要拼尽全力，把昨天和前天没做完的事情快速完成，为明天和后天要做的事情做好准备，把握住今天这个最好的能创造机会的时机。

也许，有些事情需要很长时间才能做完，但没关系，只要时间足够充裕，就可以完成。如果有很多选择，在时间足够充裕的条件下，所有选择就都可以完成，并非一定要放弃某一个。但如果只有很短的时间，就一定要聚焦于最重要的事情，把它做好，接着引申更多更好的选择，再去完成。

书是有生命力的，而且会随着时间的推移，延续下去。因为当不同的人来阅读同一本书时，取得的收获也不同，所以要持续阅读，让它的生命力变得强悍。很多经典书籍流传了上百年，甚至上千年，无数人阅读并从中汲取知识，相信它还会流传下去，有更多人阅读，拥有更旺盛的生命力。这些经典书籍里的知识，经历漫长的岁月之后，会融入文化中，成为共有认知，成为一种符号、一种象征，甚至被刻在基因里。比如，《论语》《道德经》已经成了中华传统文化的一部分，会一直被人们传承下去。

在同一种文化背景下，会存在某种共有认知。深入其中，能自然而然地习得这种共有认知。如果行为符合客观规律和共有认知，就能够更好地创造价值。那些很厉害的人，为什么他人愿意追随，和他一起共事？因为这些人追求远大的理想不是为自己，而是为所有人，他们所能创造的价值更大。

3.4.4 跟随文字穿越，突破思维边界

阅读的精彩之处，在于读者可以通过文字穿越时间，既可以回溯几千年前的历史和文化，也可以指向未来，创造一个跨时空的精彩世界。

比如，《魔戒》这本书，在看到之前，我从来不曾想过，世界上还有这样一种精彩。托尔金在《魔戒》中构建的是一个全新的世界，在这个世界里，敌人不仅是魔王索伦，还有诱惑和欲望，其强大到几乎所有人都无法抵抗。

但无论是霍比特人，还是人类、精灵、矮人，都坚定地相信一定可以打败魔王索伦。甘道夫之所以从灰袍巫师变为白袍巫师，也是因为他一直坚守使命。在《魔戒》的世界中，那些坚守着某种坚定信念和客观规律的角色，大都有一个相对圆满的结局。当然，在坚守使命的过程中，他们都遇到了困难和问题，也都勇于拼搏，为达成使命，不惜牺牲自己。

当看到书中构建的世界时，可以展开想象，在现实世界中，是否会碰到同样的状况，或者类似的困难和问题，如果遇到了，那么该怎么解决呢？比如，在《魔戒》中，几乎所有人都在与魔王、与诱惑斗争，现实中，我们是否也会遇到诱惑，是否也需要克制心中的欲望呢？

当然，书中构建的世界有时是"脱离"现实生活的。在现实生活中，只要把现在真正觉得有困难的问题解决，就可以了。如果因为没钱导致许多问题出现，就去赚钱。赚到钱，可能就解决了 80%～90% 的问题。如果想取得进步，就努力耕耘，耐心等待，秋收冬藏是自然规律，秋天多收获冬天多储藏，春天来了自然会萌芽。

不仅仅是阅读，也可以通过看电影，将电影创造的世界迁移到现实中。

比如，在电影《黑客帝国》中，机器创造了"母体"，用电脑接口接管了人类的感知力，构建了一个"过去"的世界。在这个世界里，所有人的意志都由程序控制，他们之所以做出某件事，不是因为自己想这么做，而是程序让他们这么做。生活在"母体"中的人，说什么话，不是因为他真的想这么说，而是程序让他这么说；有什么想法，也不是他真的这么想，而是程序让他这么想，并且程序会引导他的下一个想法。换句话说，人们的思想不是自己思考出来的，而是程序赋予的。

而现实世界和"母体"世界的差别巨大。在现实世界中，生活非常艰苦；在"母体"世界中，程序会提供各种各样的感受，即使只靠营养液生存，人的大脑也可以感知到色香味俱全的食物。

迁移到生活中，假设存在一个母体，当你觉得自己在母体中，那么就在，当你觉得自己不在，就不在。这是一个非常神奇的设定。可以观察下自己的语言和行动，是当下自己随意说出或做出的，还是源于惯性思维，是随性而为，还是被其他因素所控制。一旦想清楚这一点，我们就知道自己随时可以做出选择，可以重新思考自己到底想成为什么样的人。

有时候回顾自己读过的书、看过的电影、写过的笔记或心得，还会有感慨。尤其间隔时间很长，如 10 年、20 年，经历的人和事，好像过了一辈子。

每当回顾 10 多年前的事情，受到触动时，我会抓住这种感受，让自己穿越到过去，也穿越到未来。比如，回顾 15 年前的事的同时，也会穿越到 15 年后，想想自己到时候要做些什么事情。我经常请教一些前辈在什么年龄段，用了什么方法，做了什么事情，才取得了现在的成果。总结他们的方法和经验，畅想自己未来在什么时候，可能做成什么事情。

时间，是相对客观的。任何人要做成一件事，一定需要时间。看任何人，都不要只看现在，现在可能能力不够、水平还有待提升、没有资源，都没关系，重要的是态度。态度影响认真程度和投入时间。如果你觉得自己能力一般、资源一般，就结合自己的时间去做事。如果还年轻，并且愿意认真投入到生活中，就很有可能成事。做一件事，投入时间越多，做成的可能性也越大。

有人说："大量阅读，很容易'伤害'自己的原创性思考。"实际上，阅读和思考是相辅相成的，"学而不思则罔，思而不学则殆"。阅读的关键并不在于从书中学到多少知识，而在于能主动接受书中思考方式的冲击，拓宽思维边界。写作则是通过整理思维，进行输出，突破思维边界。

3.5　生活中的长久决定

3.5.1　更长久的决定，更长久的改变

生活，通常是由一系列决定组成的。这些决定，有的是短期决定，如中午吃什么；有的则是长久决定，如和谁结婚、在哪里生活、做什么工作、如何投资等。

如何对待时间，是长久决定。时间是一笔真正属于我们的资产，是投资还是消费、花在哪里、取得什么成果、做成哪些事情，都取决于我们如何对待时间。

学会让自己看到更大的世界，学会把脑海里的每一个想法都理顺，并且把它们在生活实践中呈现出来。一旦一个想法被

呈现出来，就具备了追溯的可能，当事后回忆时，我们能够很清晰地知道，原来这个想法对我们的生活产生了影响。

脑海中的每一个想法对未来的影响都可以呈现出来，如 3 年后、5 年后、10 年后、20 年后、50 年后等不同时间的影响，都可以呈现。开始可能呈现得不够清楚，随着思考越来越深入，就能拨开迷雾，清晰明了地呈现想法。

生活，既要看到现在，关注现在能做的事情；也要往前看，看到自己未来想做的事情，并思考如何去做。在短期内，要看具体能做什么；从长期来说，要看想做什么。把想做变成能做，也就是把长期变成短期，变成当下的行动。

真正想做，是指清楚地知道在什么时候做。想做一件事，一定要加上时间，比如，想在 3 天内做完，想在 50 年内做完。确定时间之后，想做的事将变得更具体，同时会对生活中的事项提出更高的要求，从而产生不一样的成果。

如果想做一件难度很大的事情，就要评估完成的时间和情况。假设不考虑能力的增长，未来 5 年能做的事情和过去 5 年能做的事情是差不多的，对于做成难度很大的事情，可能没什么信心。假设未来 5 年，能力一直在增长，对于做成难度很大的事情，会有信心。

能力增长程度不一样，带来的发展潜力注定不一样，能做成多少事情也不一样。如果要求自己能力翻倍，那么未来能 5 年做成的事情也会是过去 5 年所能做成事情的两倍。如果过去 5 年能力一直是增长的，当预测未来 5 年成长时，也会充满希望。如果过去 5 年没有明显的进步，就可以把时间轴拉长到过去 20 年，会看到自己已经取得了巨大的进步，在此基础上，预测未来 20 年成长时，就能充满信心。

2022 年可能是在过去 10 年中，我进步速度最快的一年。总结下来，有两个重要影响因素。

- 一是我让自己身处快节奏的城市。深圳的生活节奏很快。在深圳，不管是新朋友，还是多年未见的老朋友，见面一开口就步入正题，比如 5 分钟不到谈"搞钱"，一件件事情快速落地，工作状态拉满。

- 二是积累 3 ~ 5 年后，其成果逐渐爆发。对我来说，2018—2019 年是积累期；2020 年是探索期；2021 年是成果期，推出了语写 App 和时间记录 App。到

2022 年，经过前几年的积累和探索，我明显感觉到做事效率更高，取得的成果更大。

不管外界的环境如何，自己现在的能力如何，每个人都要有长期思维。一个人很容易高估自己 1 年能做到的事情，而低估自己 10 年能做成的事情。要对自己提出高要求，不断提升能力，让自己增值，并看到更远的未来，持续投入。

如果想让能力快速增长，那么可以采取一种策略：找一个教练。教练的作用在于帮助我们加速成长。比如，健身，由于不知道自己能达到的极限，大部分人自己练只会发挥出 60% 的能力，只有少数人严格要求自己，会发挥出 100% 的能力。而教练可以让我们发挥出 100% 的能力，大大提升训练效率。这也意味着在时间相同的条件下，取得的成果比原来大很多。

如果有教练指导，原来要用 3 年才能做成的事情，现在用 1 年就可以达成，多出来的时间，可以继续提升能力。1 年当 3 年用，3 年当 9 年用，10 年当 30 年用……10 年和 30 年的差距，是巨大的。假设两个人从同一起跑线出发，初始速度一样，一个人一直以初始速度奔跑，另一个人每过一段时间都将速度翻倍，差距会逐渐拉开。开始，差距不明显，落后的人努力追赶也许追得上，但当差距过大时，就不那么容易追得上了。

我们要努力向前奔跑，朝着合适的方向，创造更大的价值，做出生活中更长久的决定、更长久的改变。

3.5.2　随时可以做出改变

什么时候做出长久的决定呢？随时都可以。什么时候可以改变自己的命运呢？不用等特定的时刻，不要说"等觉醒了，我就去改变命运"。每天都可以，甚至每时每刻都可以做出长久的决定，改变命运。只要有空就想两个问题：

- 我要做些什么，才能让自己这一生都不后悔。哪怕可能失败，也绝对不后悔。

- 如果能力无限、资源无限、生命无限，我最希望做的事情是什么？

也许你觉得自己想不出这两个问题的答案。但实际上，当钱赚得足够多、时间足够多、能力足够强的时候，能做的事情，就是你过去喜欢或现在喜欢做的事，不可能是从未接触过的事情。因为大部分人很难想象自己从未接触过的事情，也很难想象自己不擅长的事情。

当思考未来时，所能想到的大部分事情都是过去已经做过的事情、有过的美好体验、掌握的技能，希望能把自己感受到的美好发挥到极致。

做出长久的决定，确定未来的方向，写下的梦想和目标，大部分是现在已经取得的成果，或者正在做的事情。拿我自己来说，如果有足够多的时间，就希望多看书。阅读的体验非常美好，通过一本书可以体会到文学的美、思维的美、专业的美……

比如，看完巴菲特的个人传记《滚雪球》之后，我对巴菲特和投资多了一些理解。每次投资的时候，我就会想，如果在1996年碰到巴菲特，那么他会说："这世界变化太快了，假如你在1956年给我1万元，现在可以从我这里拿走1亿元。"换句话说，用40年的时间，巴菲特可以让资产增值1万倍。

从现在开始，在接下来的40年内，有什么方法可以让资产增值1万倍？我们很难再遇到第2个巴菲特。比较靠谱的方法就是投资自己的大脑，提升内在认知，让自己不断增值，40

年增值 1 万倍，有很多人做到过，这是一条可实现的路径。

对金钱的投资和消费，我们在日常生活中可以很具体地感知到，但对时间的投资，对认知的投资，很多时候我们并不清晰。我们大都认可时间和认知有价值，但具体值多少，并没有清晰的概念，很多人也不知道如何投资。时间投资的基础，是为自己的时间定价，进行时间记录，分析哪些事情属于投资，哪些事情属于消费，对一条条数据记录进行剖析，在分析的过程中感受时间的价值，以成长速度和个人增值速度来进行判断。

我们生活在走向未来的过程中。如果把过去的每一天当作消费，把未来的每一天当作投资，那么投资的机会越来越少。如果把过去的每一天当作投资，把现在当作投资，那么未来投资的机会越来越多。只要生命没有结束，永远有投资的机会，只不过机会有大有小，有短期有长期。

生活中的每一次决定，都是一次投资，都是在思考应该做短期决定，还是长远决定。把过每一天都当成投资，未来肯定会创造越来越多的价值。

当空闲时，可以问问自己："今天，我进步了吗？"进步的关键在于我们如何充分利用自己每一天的时间。面向未来，要做出长久决定，可以培养一个习惯：每天睡前，思考自己这一天在忙什么，有没有把人生目标向前推进一步。

可以做出一个影响未来 20 年，甚至一辈子的长远决定。这个决定不一定 100% 兑现，但它一旦被做出，就会对我们的生活产生积极影响。因为能够做出决定，证明我们勇于承担责任，坚定自己前行的步伐。开始可能并不知道未来会怎样，但如果坚信未来会变得更好，就一定会变得更好。

当做出长久决定时，每个人感知到的未来的清晰度不同。年龄较大的人，感知到的未来会更清晰，这是岁月带来的礼物。假设有两个人，一个年龄为 60 岁，一个年龄为 20 岁，当他们同时做出一个影响未来 20 年的决定的时候，60 岁的人已经经历了 3 个 20 年，而 20 岁的人只经历了 1 个 20 年，相当于同一件事，前者做了 3 次，后者只做了 1 次，做了 3 次的人肯定更熟悉这件事。

如果没有那么多经历，如何让自己看到更清晰的未来呢？有 3 种方法：

- 第一，询问有经验的人，或者阅读名人传记。看看他们是如何做的，总结经验和方法，进行迁移。

- 第二，用计算器直接算。有些事情无法理解或感知，但数字是不会骗人的。首先，基于现在的年龄和年份，将以后的年龄和年份都对应列出，列出确定性的事情，比如，自己 60 岁退休，孩子 18 岁上大学，对应的年份分别是哪一年。接着，思考自己想要什么，比如，想在多少岁赚到多少钱，达成目标要付出多少努力，是现在的 3 倍，还是 5 倍，再拿过去已经付出 3 倍或 5 倍努力达成的目标来对比感受一下。

- 第三，把计划和目标用场景描绘出来。想象自己想要的理想生活，把想达成的目标、期待的生活方式，都非常明确地展示出来，画面越清晰越好。比如，早上几点起床？起床后在哪里刷牙？在哪里吃早餐？和谁说话？说话时是什么状态？出门上班时，是什么心情？做些什么工作，状态好不好……可以是正能量满满非常开心的时候，也可以是状态不好的时候，全部描绘下来，未来就是一种回忆，回忆可以清晰地展现出自己到底是一个什么样的人。

我们可以改变命运，关键是有多大决心改变自己的生活。这决定着 5 年后、10 年后我们能取得什么成果。你是不是已经实现了刚开始工作时，定下的那个目标呢？如果实现了，下一个目标是什么？如果没有实现，你会做些什么来实现目标呢？面向未来，你希望自己最后的生命状态是什么样的呢？是碌碌无为，还是为社会做更大的贡献？

发展到了一定程度，人追求的是实现自我价值的成就感。基本生存需求满足之后，去做更长期的、为社会乃至人类谋福祉的事情。这是每个人都必经的阶段。

当然，如果没能把自己的生活梳理好，个人发展没有达到一定程度，在短时间内就很难做出更大的贡献。所以，把自己的生活梳理好，发挥出已有的能力，并且不断做到极致，才能为社会创造更大的价值。

3.5.3　生活是一种艺术

艺术源于生活，生活也可以是一种艺术。我常常对大家说："每天自拍一张。"全球范围内，已经有好几个人多年坚持每天自拍，最终把自拍卖出去，赚得上百万美元。这是真实发生过并且被新闻报道过的事件。

每天坚持做一件事，并对外展示做这件事的成果，是打造个人品牌的一种方式。我经常分享这样的案例，案例中人们所做的事看起来非常不起眼，谁都可以做到。可是，一件事但凡和时间联系上，如每天去做，这件事就会从谁都可以做到，变成极少数人才能做到，也会从非常不起眼变得非常亮眼。比如，有一个摄影师专门拍摄绿皮火车上的人，为此获得了一些摄影奖项。

我还记得上学时坐绿皮火车到广州，学生票票价为 42 元，经常买不到坐票只能站着，时不时要侧身给推着小车卖瓜子花生的列车员让路。现在人们出行基本都坐高铁，虽然票价是以前的好几倍，但速度快很多，效率也大大提高。

生活是一种艺术。生活中的很多事情，我们在经历的时候习以为常，事实上，这些事情会成为一个时代的记忆。生活是艺术的源头，记录生活中所发生的一切，也可以是一种艺术。

3.5.4　"生活"是用来生活的

思考未来，一定要坚定信念。要做到信念坚定，需用到一个核心要素——时间。时间到底花在哪里？这是我们在生活中必须要解决的问题。

金钱和时间不同的地方在于，钱花了，如果花错了、花亏了，还能再赚回来，而时间花了就不复回了。如果留心观察，就可以看到很多这样的例子，有人即使身无分文甚至破产，也能重新赚到钱，甚至赚得更多。但没有人浪费时间后，还能让时间倒流。

学会在脑海中快速预演即将发生的事，持续练习并培养成习惯，让一些事情不需要在真正发生之后我们才知道，而是事前就能知道。比如，面前有一桌美食，是吃还是不吃呢？可以想象一下自己变胖的样子，适当夸张一点，如胖到200斤。我们不需要吃很多东西，只需想象就能获得变胖之后的感觉，以提醒自己适量饮食。事前就可以预演事后发生的结果。

正向理解自己每一天的时间，生活本来是用来生活的，我们多多少少会做一些不正确的事情。但在生活中很多错误是可以避免的，我们可以通过一些方法提前感受到，提前知道危险在哪里，进而提前规避。

查理·芒格有一句名言：

> 如果我知道自己会死在哪里，那么我将永远不去那个地方。

在生活中，我们并不需要真的在遇到危险后，才去找应对方案，而是要思考，如何做才能不让自己处于危险的环境中。要做到这一点，有很多方法，比如，学习法律知识，不能做的事情坚决不做。又如，观看安全主题视频，了解车祸是如何发生的，火灾是如何发生的，诈骗是如何发生的，危险事件是如何发生的，有哪些预防措施，要注意哪些细节等。

很多事情都是小概率事件，危险不一定会发生在你我的生活中。如果这一辈子都没遇到这些危险，就不需要解决这些问题。但如果知道解决方案，危险一旦发生，就能迅速做出反应，采取恰当的行动。

最理想的情况当然是从来不会遇到这些危险，或者不会让危险发生。不会遇到，就不用学习解决方案，甚至不用花时间去了解这是怎么回事。比如，有人告诉我们，前面有一个井盖掉了，给了我们一份"掉坑自救指南"——左脚先迈出去，右脚再跟上，当掉下去的时候，双手抓住井口边缘，受到的伤害是最轻的。这是遇到紧急状况时的处理方案。实际上，最好的做法是先设置提醒：告诉所有人，前面有个坑，不要过去，然后联系有关部门把井盖补上。

有时候，一些事情的发生貌似合理，大家都认同。实际上这些事完全不需要发生在我们自己身上。

生活中，还会遇到一种情况，那就是我们完全不知道会发生这样的事情。

- 火灾。你的家中有准备灭火器吗？你知道如何使用灭火器吗？

按照消防安全建议，家住 15 层（含）以上，最好能准备灭火器或灭火毯等消防安全设备。因为目前多数消防水枪的喷射高度大约为 50 米，火灾发生后的最佳灭火时间是 3 分钟以内。如果居住楼层比较高，那么可以按照消防安全建议做一些准备，并学习如何使用消防器材。不怕一万，只怕万一。万一有事情发生，要知道如何自救和处理。

- 插座短路。你家中是不是有的电器插头一直插在插座上，好几年都没有拔下来过？你是不是经常不拔手机充电插头？

也许你觉得不拔插头最多就是损失一些电费，但实际上，大部分插座一直插着都会一直通电，时间越久，越可能因为短路而起火。如果家里有的电器插头很久没拔，那么可以将它拔下来，用纸巾擦一遍，再插回去。这个动作可以定期做。

在日常生活中，有很多这样的小细节，你并不关注，觉得无关紧要。即使碰到一次，也只怪运气不好。但实际上需要提前准备，提前预防，避免危险的发生。

洛克菲勒在 53 岁时患上了多种疾病，身体和精神都出现了严重问题，甚至因为一次意外，濒临死亡。虽然在 30多岁，他就已经成为世界首富。但 53 岁时他突然醒悟：财富的增长，并不能给自己的人生带来意义，要让钱变得有意义，要帮助别人活得更好。于是他在后半生致力于做慈善，将自己赚到的钱捐献给教育、医疗、科技等行业，大大推动了这些行业的进步。我们熟悉的北京协和医院，最初是他出资建造的，而且他在 53 ~ 98 岁期间所赚到的钱，比之前更多。

　　洛克菲勒在给儿子的信中写道：

> 我们是有钱，但在任何时候，我们都不该肆意花钱，
> 我们的钱只用在给人类创造价值的地方，而绝不能
> 给任何有私心的人一点好处。

　　如果你一直在做踏实的事情，那么不管赚多少钱，以及处于哪个人生阶段，都会觉得很舒服、很开心。

3.6　人生特定阶段

3.6.1　抓住觉醒时刻

每个人开始学习新事物，都会投入很多精力，如果这个新事物很吸引人，就会让人非常兴奋，花很多时间研究。就好像小朋友在看到新事物的时候，会紧紧盯着，一刻都不离开。刚接触新事物时的感受，是最接近"原初本质"的感受。刚接触到美好事物时，人们会说："这个太好了，我要做一辈子！"但往往 3 ~ 5 年后，兴奋感会逐渐消失，当初说要做一辈子的事情，可能已经停了下来。

"原初本质"的感受，我是鼓励大家记录下来的。尤其是在比较年轻刚踏入社会时，不管发生什么事情，所获得的感受都要快速地记录下来。这段时间产生的想法，很可能就是我们的梦想和天赋使命。未来的日子，时间会引导我们实现当初看起来遥不可及，但事实上能力范围可达的梦想。

如果把时间轴拉长，目标就会有千差万别，这和实际能力没有直接关系，是日常生活积累下来的"千差万别"。目标是靠一点一滴积累起来的。

两个人站在同一起点，但一个人目标远大，另一个人只关注当下的小目标，第一个人觉得梦想遥不可及，必须加快进度，每天多走两三步。在短期内两个人之间的差距并不大，但10年后，第二个人想要追上第一个人，难度很大，甚至可以说是遥不可及。原因就在于第一个人把每天多走两三步这件事做了10年。第二个人想要追上去，必须花足够长的时间，付出比第一个人多几倍的努力。

随着时间的推移，一个人的努力会产生相对有复利成果的效应，比如，每天多走两三步，看起来只有一点区别，复利积累起来拉开的差距，也是巨大的。当然，我们不是要时刻和他人竞争比较，而是要关注自己：我今天进步了吗？遇到了什么困难？做了哪些事情来克服困难？有没有把自己的能力发挥到极致？

　　人成长到一定阶段后，会有一个觉醒时刻。一旦醒过来，就"躺不平"，想着非得做点什么。就好像有人早上睡觉醒来，会马上起床，不想躺在床上，哪怕没什么事情，也会起来，找点事情做，如语写、阅读、运动、冥想等。这些事情，随时都可以做。

　　取得卓越成果和取得普通成果，所需要付出的努力，其"差别"并没有我们想象中那么大。有时候取得卓越成果并不太吃力，关键是做到自律。有的人会觉得自律的生活很累很苦，但事实证明，自律的人生活不仅不累，反而更轻松。因为他把很多行为培养成习惯，直接去做，不去想做不做、为什么做。自律生活能给人带来成就感，这种成就感会让生活更轻松。长期的自律生活还能带来收入的增长，这也是好事。

　　自律的人已经习惯做一些很难的事情了，根本不会有压力。对这些人来说，做这些其他人觉得很难的事情，就像洗脸刷牙一样轻松。自律不仅不会让人在做事时有压力，还会让生活更轻松、更舒适。如果觉得自律的生活很苦，就说明你并不知道自律的感觉，不知道自律的生活是一种美的存在。培养一个习惯，让自己变得自律，就是让美好进入生活。

比如，养成阅读的习惯后，我们会发现世界上几乎没有不可以解决的问题。如果有，就可能说明书读得还不够多。读了足够多的书之后，不仅解决问题时更得心应手，随着表达能力的提升，沟通能力也会大大提升。

3.6.2　提前规划人生特定阶段

人生在一些特定阶段，有必做的事情，但不一定能完全符合我们的想象。比如，父母渴望孩子快速成长，这需要时间，但如果孩子年龄比较小，成长得就不如想象中快。

人生特定阶段是可以提前知道并且进行规划的。举个例子，当知道自己即将有孩子时，即使他还没出生，也会开始想象他的成长，规划出一些人生特定阶段。比如，从孩子出生到2～3岁，需要花很多时间照顾他，自己的工作量最好不要太大；孩子上学后，要考虑如何选择学校等。这些确定的事情，都可以提前准备。

完成人生特定阶段的特定事项需要花很多时间，这是不是意味着没有那么多时间投入事业和个人发展而导致收入减少呢？应该不会。有了压力之后也有了动力，从长期看，家庭整体资产是增加的。

换个角度，如果要做的事情越来越多，或者赚到的钱越来越多，是不是就意味着生活不平衡了呢？绝对不是。有一个法则可以帮我们保持生活平衡。这个法则就是：先做应该做的，再做想做的。

比如，定一个目标，先把应该做的做完，再做想做的。关于想完成的目标，不管多大，我们都有可能完成。因为人不可能定出一个完全不在自己能力范围内的目标。换句话说，人不会想着去做一件完全做不到的事情。但凡这件事能做，也想努力去做，就能在比较舒服的状态下去做，并且可以做得比较长久。这属于能力范围之内的事。

有没有可能遇到超出能力范围的事情呢？有可能。当做能力范围外的事情时，你会觉得吃力，以至于无法持续，做不了很久。如果能把一件事持续做很久，那么这件事多多少少在能力范围之内。也许刚做的时候有些难度，但只要"伸伸手"就能"够着"。伸手够着了，意味着能力提升了，事情就还在能力范围之内，可以持续做下去。

比如，很多小伙伴在开始语写之前，从来不曾想过自己可以持续语写 3 年、5 年。他们持续去做，慢慢就做到了。这就成了一个事实。这意味着，语写在他们的能力范围之内。虽然开始看起来是在能力范围之外，但是通过每天的训练，把能力范围之外的事情，变成了能力范围之内的事情。也可能出现特殊情况，有一天非常忙，忙到完全无法抽出时间完成语写。这意味着当天的时间安排超出时间范围。

3.6.3 把语写当作生活的平衡器

我经常说语写是生活的平衡器，原因就在于语写训练能理顺自己的日常，确定自己是否处在相对平衡的状态：一是，没有太忙；二是，没有支取未来时间；三是，没有一直想事情，而是真正做事情。

所有的行动，都要基于当下立刻行动，哪怕向前推进一点也可以。举个例子，有一次，我在一本书上看到一个建议：写出你最感恩的 5 个人。于是我给 5 个最想感恩的人分别发了一个笑脸，发完后，继续看书。稍晚一些，其中一个人回复消息，问："你为什么发个笑脸？"我说："之前看了一本书，想起你。"之后又和他聊起了近况。这就是一个小动作引发了后续行动。如果想和一个人联系，或者维护关系，发个笑脸也可以，用行动引发行动。

把语写当作生活的平衡器，给自己定一个目标。如果有一天，你用尽全力都没完成语写目标，就把这一天所做的事情都列出来，看看时间都是怎么安排的，为什么超出了时间范围，以至于这一件自己想做、规划好要做、每天都应做到的事情，在这一天没做成。人生会遇到一些必然性事件，我们能做的无非是把这些事情提前安排好，把不是问题的问题变成没有问题。最怕的是把不是问题的问题，变成问题。

举个例子，开车需要注意行驶速度，如果开太快，没注意，不小心产生碰撞，就成了"欲速则不达"。原本只要控制速度就不是问题，不控制速度必然会出现问题。所以，我们能做的是把速度控制在合理范围内，保证安全，这样才能防止问题出现。

有些事情，三五年不做，没有任何问题，但如果三五年后还不做，就有问题。比如，短期内不阅读，可能没什么。长期不阅读，明显会感觉发展吃力。如果经常阅读，不会觉得阅读能天天带来进步，有时候可能读一本书启发很多，有时候可能读很多本书都没什么启发，当书越读越多，就会发现不是每本书都会让人收获"高峰"体验。如果读所有书，都有"高峰"体验，就等于读每本书时都在"非高峰"状态。因为所有书的体验都差不多，对比并不明显。

在大多数情况下，阅读都是非常平淡的行为，似乎不会带来进步，但放眼长期，阅读会给我们带来很大的进步。阅读是跨越所有人生阶段，需要持续努力去做的事。不要说自己爱读书，而要问自己今天有没有读书。

3.6.4　在语写中，书写未来

在语写训练过程中，我非常鼓励大家写未来。有一些学员说："不知道未来怎么写。"想象未来的方法并不复杂，关键是多练习。现在可以和我一起来练习一次。

首先，把年龄转换为具体的年份，比如，2022 年你的年龄为 30 岁，那么 2023 年就是 31 岁，2027 年是 35 岁，2032 年是 40 岁……

其次，把身边人的年龄都一一列出来。比如，2022 年爱人的年龄为 30 岁，孩子的年龄为 3 岁，爸爸的年龄为 57 岁，妈妈的年龄为 55 岁；到了 2023 年，爱人的年龄为 31 岁，孩子的年龄为 4 岁，爸爸的年龄为 58 岁，妈妈的年龄为 56 岁……

接下来，把确定会发生的事情列出来。比如，孩子在 2022 年上幼儿园，在 2025 年上小学，在 2031 年上初中；2025 年，年满 60 岁的爸爸退休……

针对这些确定发生的事情，思考自己需要面对的问题是什么。比如，在孩子的成长过程中会出现怎样的问题、不同年龄段的心理特点等，都可以提前做准备。

很多问题在书里就有答案，只要去阅读，读得足够多，遇到相关问题就不会慌，甚至可以预防问题出现，这些也可以作为思考未来的基础。**既然一定发生，再怎么早准备都不为过。**

除了确定性的事情，你想做什么事情，也可以写入未来，做个未来计划，明确如何做到想做的事情，并且立足现在，开始做准备。

第 4 章

做好人生规划，
时间复利的底层思维

4.1　未来就是回忆

4.2　构建清晰的"未来回忆"

4.3　通过书影作品理解时间

4.4　和时代一起发展

4.1 未来就是回忆

4.1.1 正向理解自己每一天的时间

什么叫作正向？如何理解正向？假设把正向两个字换一下，可以换成什么词呢？

可以用"积极"来替换，积极理解自己每一天的时间。也可以用客观、主动、理性……总之，可以替换成任何想要的词。

在理解自己的时间时，可以将"时间"的具体数字写下来。假设现在是 2023 年，10 年后就是 2033 年，在写下时间时尽量用 2033 年，而不是 10 年后。因为 2024 年也有 10 年后，但其 10 年后不是 2033 年，而是 2034 年。

说到未来，如 2033 年、2052 年，有人会觉得很遥远。如果学会往长远看，把未来"拉"到眼前，就会发现时间过得很快。比如，再过 10 年看这本书，会发现现在已经变成了过去。

做个练习，体验一下这种感觉：

> 首先在脑海里想象自己比较熟悉的建筑，最好是地标性建筑，以天安门为例。在脑海中想象自己正在以很快的速度靠近天安门，速度比行驶的汽车还快，眼前的天安门迅速被放大。或者想象自己站在原地不动，天安门越来越大，被拉到眼前。

如果感触不深，那么可以去看一些科幻电影里镜头迅速拉近，建筑或物体瞬间被变大的场景。在这个过程中，原来离我们很远的事物，瞬间立在眼前。

把未来"拉"到眼前，也采用同样的方法：

> 假设现在是 2023 年 1 月 1 日，想象 20 年后，也就是 2043 年 1 月 1 日的场景，脑海中的画面非常模糊。拉近一下，假设 2043 年 1 月 1 日就是

> 明天，甚至就是现在，会是什么场景？会不会清晰
> 一些？

事实上，只要把日期改一下，就可以直接把 20 年后的场景拉到眼前。原本无法想象的场景近在眼前。我们可以持续进行这样的练习，把各种场景"拉"到眼前，直到成为习惯。

如果要正向理解自己每一天的时间，那么可以把过去发生的好事情"拉近"一点，看看到底好在哪里；当计划未来时，可以把想要的未来"拉"到眼前，让计划不再停留在想象中或清单上，多想象正在做什么，包括自己的呼吸、感觉，还有场景的大小……各种不同的相关因素都要去感受一下。想到才能做到，在脑海里，以倍速模式想象自己想做的事。

这种方法，也可以用来做每天的计划。在想象完成一天的计划时，把画面"拉"近，看着自己跑步、阅读、写作。很多时候，我们如何使用时间，并不是取决于每天具体怎么用，而是在想象中怎么用。想象怎么使用时间，实际上就会怎么使用时间。

比如，想象自己阅读的场景：

> 首先，拿出家中最厚的一本书，坐下来看书。自己坐在哪里看书？周边的环境怎样？把书翻到了哪一页？有没有做笔记？笔是什么颜色的？坐姿是怎样的？呼吸是怎样的？
>
> 其次，自己认真看着书，汲取书里的知识。书里的文字像科幻电影里的代码，不断涌入脑海中。还可以想象知识以其他形式进入脑海的画面。
>
> 再次，翻书的速度加快，很快就从翻开的那一页看到了最后一页。看完这本书之后，自己是什么状态？有什么感受？
>
> 最后，把这本书从后往前翻。回顾一遍自己是如何看完这本书的，是一次性看完，还是分成两次或三次看完？在看书的过程中有没有上洗手间？有没有喝水？有没有刷手机？就像倒带，快速回放刚刚看书的过程。

这是一个非常小的场景想象，其他事也可以采用同样的方法。即使是比较大的事情，一下子做不完，也可以用这种方式来想象全过程。

又如，想象自己未来赚到 10 亿元的场景，脑海中的画面比较模糊，有 3 种方法可以让画面变得清晰：一是看电影《西虹市首富》中出现 10 亿元现金的画面；二是查一查钱的长宽高和重量，算一算 10 亿元现金的体积具体是多少，在现实中找到参照物；三是看一些财富主题的纪录片。

在做一件很难的事情之前，可以在脑海中"做"两遍，第一遍想象自己把这件很难的事情做完了，第二遍想象自己如何做完这件事。也就是说，通过想象，知道自己一定能够把这件事情做完，并且知道自己以什么方式做完，具体的经历、体验、感受都有了，之后还要复盘一遍。

当习惯性地把这种方法用在需要做的事情上时，会发现自己逐渐构建起了一个坚定的信念。坚定的信念是目标达成的保证。当我们信念坚定时，其他人会更相信我们。人们会帮助有坚定信念的人，也会帮助目标明确的人。

如果我们的脑海中，对于做任何事情都有清晰的画面，能提前想象自己快速做完，以及如何快速做完的场景。也就是说，从未想过做不完这些事情，也从未想过自己会被困难阻碍，有信心克服任何困难，把事情做成。

这个小小的练习，用到了很多做事的基本原理。有些人在做事的时候，想的是困难是什么，却没有想过能不能在没有任何困难的情况下做完，或者在遇到很多困难的情况下做完，以及如何完成。要事前复盘，随时复盘，以及事后复盘。

这个练习，有一个要点和两个基本假设。

- 一个要点是，在脑海中快速完成。

- 两个基本假设是，我们已经完成事情，并且知道如何做完。

设定这些的目的是让我们快速进入做事的状态，而非一直处在想象的状态中。

我们要把每一天的时间用在做什么事情上，而不是一直在设想有什么困难。脑海中想象的应该是明天要做的事情。聚焦在要处理的事情上，做增量，而不是做存量的调整。做到这一点后，接下来每一天都是在成长。

你在朝哪个方向成长呢？成长总要有个方向，不能不知道朝哪个方向成长。这就像我们看到一本书，不是做出翻开或不翻开的动作，而是盯着这本书，一直想：书这么厚，我翻不翻开呢？这个问题对看这本书没有直接帮助。想要获得知识，想要看完一本书，基本动作就是直接翻开书，把它看完。

如果在生活中还有模糊不清、摇摆不定的事情，就去想象自己已经做完这件事情的场景，或者完全不做这件事的场景。

有时候，我们把时间安排得很满，没有留下一点空闲时间，每时每刻都在忙，以至于在很久之后才发现人生中有很多重要的事情没有做。比如，忙创业，忽视了对孩子的陪伴，孩子长大后，你才发现自己忙于工作，错过了孩子的成长。盘点一下自己的时间，看看能不能找出空闲时间，去做一些重要的事情，或者应对突发事项。

4.1.2　在脑海中构建未来

做人生规划，可以让自己成为一个"活在"未来的人。未来不在未来，未来在我们的脑海中，是一种回忆，呈现的是已经达成的状态。我们要成为活在"未来回忆"中的人。

未来是一种回忆。每次说这句话时，我的脑海中会出现一个画面，把未来"拉"到眼前。这个画面，是我构建的关于未来的画面，它在我的脑海里是一种回忆。

> 假设明天早上，自己要阅读一本书，阅读场景会是怎样的？
>
> 坐在哪里？是客厅，还是卧室的阅读区？
>
> 旁边有窗户吗？光线怎么样？开灯了吗？
>
> 书桌是怎样的？桌子上有什么？如书、笔、便签、卡片、水杯……
>
> 读的是哪本书？封面是什么样的？读到了哪一页？放书签了吗？做笔记了吗？划线的笔，是什么颜色的呢？
>
> 阅读速度怎么样？脸上是什么表情？是面带微笑，还是微微皱眉思考？这本书给自己的启发多吗？感受如何？
>
> 读了一会，抬起头，看到的是什么？是书，还是墙壁？周围还有些什么呢？
>
> ……

可以跟随这些提问来想象，也可以自己提问，把画面构建得清晰且细致，越清晰越好。在脑海中构建画面，让未来清晰可见，成为一种回忆，变成已经实现的画面。尽管这件事发生在未来，在你的脑海中，却像发生在现在。

这并不意味着不活在现在，我们只是去回忆。回忆过去，其实也是活在现在。回忆中有一些画面，会让我们警醒，意识到该做重要的事了。

未来是一种回忆，回忆里清晰的画面是行动指引。在构建画面的过程中，我们从现在走向明天、下个月、明年、10 年后、20 年后、30 年后……在这个过程中，过去、现在、未来的画面重叠在一起。过去，是现在的回忆；现在，是实现未来画面的开始；未来，就是过去在思考未来时描绘的画面。过去、现在、未来重叠，描绘出并实现下一个画面。

未来是一种回忆，如果时间是一个变量，过去、现在和未来就是变量。我们在纸上画一条线，在线上随便画 3 个点（A 点、B 点、C 点），至于 3 个点落在哪里并不重要，重要的是这条线。我们的人生规划，就是这条线。我们可以瞬间画完这条线，也不用关心它的起止时间。换句话说，你的人生就是你的人生。既然你的人生就是你的人生，那么过去的人生是你的人生，现在的人生也是你的人生，未来的人生还是你的人生。过去、现在、未来共同构成了你的人生。

有时候，我们可能把线画歪了，相当于多了一种人生体验；又画歪了……于是多了很多种人生体验。不管是怎样的一条线，对你而言，都是完整的人生，没有本质上的差别。无非是我们在回顾一生时，会具体地去看在 30 岁时自己做了什么，在 50 岁时自己做了什么，在 80 岁时自己做了什么……

人生就是这条线，站在这条线的某个点上看过去、现在、未来。这条线可以是竖线，也可以是横线，可以从前到后，也可以从后到前，可以从左到右，也可以从右到左……这条线的走向，取决于我们在脑海中构建了哪些画面。这条线上承载的画面，就是我们想要实现的人生。

4.1.3　实现回忆中的未来

一般而言，想要实现的人生，都是美好的。未来美好的画面，出现在我们脑海中，画面中的事情，虽然发生在以后，但事实上已经变成我们脑海中的回忆，因为在我们的人生规划中这些事情一定发生。我们不是去实现未来，不是为了未来而奋斗，而是把关于未来的回忆翻出来。既然回忆的是自己的事情，回忆起来就不会太吃力。既然在脑海中已经想象过，做起来也会更容易。人不会想象根本实现不了的事情，凡是能想象到的，都有从想象变成现实的可能。

未来，是美好的回忆，是令人愉快的回忆。假设想让自己的收入增长 100 倍，就去想象自己收入实现 100 倍增长所能采用的方式、达成目标的画面、达成后的生活等，越清晰越好。在这样的情况下，收入增长 100 倍就变成了回忆，意味着可以在自己的能力范围内做成这件事，生活也会达到平衡。

我们的未来是在自己的能力范围内能实现的未来，尽管现在看起来虚无缥缈，很难实现，但在走向未来的过程中，随着能力不断提升，当站在自己画出的那条线上，看向未来时，会发现未来、现在和过去共同构成了一个完整的人生。

当回忆过去时，脑海中浮现的画面都发生在过去。当思考未来时，脑海中浮现的画面都将发生在未来。未来是一种回忆。未来就是过去，是什么时候的过去呢？是我们已经实现了那个画面的过去。想象自己在 10 年后会做些什么事，到 11 年后，第 10 年就变成过去，我们也会实现 11 年前浮现在脑海中的画面。

当未来的"回忆"实现时，过去、现在、未来重叠在一起。假设在第 10 年的 9 月 16 日，实现了 10 年前想到的画面，10 年前想到的画面和 10 年后真实的画面就重叠在了一起。

单纯去构建画面本身，能把即将做的事情做得更好。在这种情况下，人生就是一种变量，谁会过得不幸福呢？因为我们会选择幸福，想象幸福的画面。

过去、现在和未来描绘的是同一个画面。未来既是回忆，也是现在，还是未来。

在构建未来的时候，想要成为一个什么样的人呢？看到这个问题，想必我们的脑海里会有一个画面，如果还有点模糊，就把它一点点描绘清晰。可以构建一系列未来的画面，创建所有幸福的场景。这些是现在和过去的集合，我们既在过去，又在现在，还在未来，人生怎么会不幸福呢？

先把未来的画面构建清晰，再去实现，难度就不大了。就好像拼图游戏，设计者会提供一张参照图，我们要做的，就是根据参照图把每一块拼图放到合适的位置。重要的是，根据设计者的思路，耐心地一块块拼好。我们就是自己未来的设计者，关于未来的那幅画已经存在脑海里，只需要在生活中不断地拼那一幅画，就能拼成。我们也会成为自己人生的顶级设计师。

持续不断地把设计好的未来"拉"到现在，实际上却没有走向未来，原因应该是时间没到，而不是自己没有准备好。我们应该随时做好准备应对未来的到来，也就是说，要用生活中的高原则——精力充沛地把事情做完，保持身体健康，来应对每一天。当然，也要每天安排一定的休闲娱乐时间。

当开始构建未来的回忆时，我们就成了持续创造未来的人，可以不断回忆未来。自己10年后是什么样子，做成了什么事情，就变成一种回忆。如果还没有这种回忆，就继续创造，直到它变成回忆，走向下一个时间点。

4.2　构建清晰的"未来回忆"

4.2.1　想象"今天的未来"

未来想做什么事情？想成为一个什么样的人？

关于这两个问题的答案，你在脑海里有清晰的画面吗？颜色有哪些？明亮度如何？主体是什么？有哪些细节？有没有像电影一样的一连串画面组合？未来就是回忆，虽然我们还在现在，但在脑海中未来的画面已经变成过去的画面，这是非常有趣的体验。如果还不够清晰，就可以继续在脑海里尝试，构建一个画面，并按照以下方法进行练习。

假设现在是早上 6 点，我们想象晚上 8 点的画面。

8 点是未来，6 点是现在，6 点相对于 8 点是过去。如果到了 8 点，8 点就变成现在。现在想象晚上 8 点的画面（早上 6 点想象晚上 8 点的事情），也就是现在和未来重叠。

阅读前面这一段文字，已经花了一些时间，不管是 1 秒还是 1 分，在构建画面的时候，这些时间都已经过去，接下来继续走向未来，"现在"也会变成"过去"。过去、现在和未来，融合在一起，等同于我们正在构建晚上 8 点的画面，把未来要做的事情，"拉"到了现在。

假设现在是晚上 8 点，想象自己在哪里？在做什么？

穿着什么样的衣服？什么款式？什么颜色？穿着什么样的鞋子？

是在家里吗？还是在外面呢？

在家里的话，正在做些什么？是陪伴家人，和家人聊天？还是陪孩子做作业？抑或是自己在阅读写作？

如果在和家人聊天，那么在哪里聊天，具体是怎样的环境？家人穿的是什么衣服？聊什么话题？气氛怎样？

如果在陪孩子做作业，那么孩子是在哪里做作业？

桌子、椅子的样式分别是怎样的？桌上有哪些物品？

孩子在写什么作业？孩子写作业时的心情怎样？自

己的心情怎样？自己有没有在做别的事情？

如果是自己在阅读，那么在哪里阅读？读的是什么

书？作者是谁？写了些什么？读到哪一页了？阅读

时的心情如何？如果是写作，在哪里写？有哪些工

具？写什么主题？内容框架是怎样的？写完发布在

哪里？

在脑海里构建这个画面，不停地问自己，不断理清。画面

清晰后，最后回忆整个画面。

4.2.2　快速切换视角

练习了想象"今天的未来"后，接下来，要练习快速切换

视角。

把脑海中的画面视角切换到宇宙，看到太阳系，锁定地

球，地球在转动，转到亚洲，画面放大，进入亚洲，先定位到

中国，再定位到你所在的省份、城市、区县、街道，最后找到

你的家或你所处的位置。

感受这个过程，是不是有一种从整个宇宙中快速找到自己的感觉？又如，在遥远的宇宙中，假设从开普勒 -22b 行星出发，需要花费约 638 光年，才能抵达地球。而在我们的思维中，瞬间就能抵达。这个练习，是让我们快速切换视角，不再聚焦于此时的某一个画面。练习的时候，速度一定要足够快，这样才能感受到画面的快速切换。

如果你无法具体感知这样的画面，就可以通过每个部分的图片，如太阳系、地球、亚洲、中国、省区市地图等，或者找一些科幻电影，仔细观看影片中宏大的宇宙画面，感受这种视角的切换。

画面中有些物体是运动的，如宇宙中的星云、太阳系的行星，还有些物体是相对静止的，如放大后的地球画面，亚洲、中国、省区市的画面。再细致一些，根据地球的自转，朝向太阳的一面是白天。我们想象晚上 12 点，地球上亚洲所在的位置可能需要背向太阳。

这个练习训练的是，在脑海中快速切换想要的画面，目的是以更宏观的视角感受现在的状态。

继续想象，把 8 点到 9 点这一个小时，想象成一个电影片段，可以任意拉动进度条，前进或后退，可以调整播放速度，如 2 倍速、3 倍速或慢放，还可以选择任意一帧放大或缩小。

在 8 点 01 分、8 点 30 分、8 点 50 分，想象自己分别做了些什么？

想象自己平时不常注意到的地方，如最暗的位置、小小的角落等，能想象出那里的画面吗？比如，角落里有一本书，买回来就放在那里了，一直没翻开过，书的名字是什么？作者是谁？讲的是什么内容？

这些最暗、最不引人注意的角落，在自己的脑海里有相关画面吗？

那么最明亮的位置呢？脑海中的画面是怎样的？这些位置上有什么物品？如何摆放的？细节如何？

想象一个和谐的画面，不会太亮，也不会很暗，如果可以看清所处环境中的所有物品，就说明我们能在一定程度上清晰地把控自己的生活细节。

4.2.3 想象长期的未来

做完以上两个练习后，要练习想象长期的未来。在想象长期未来的过程中，所处的环境不变，变的是你的年龄，你开始慢慢变老。具体老到多少岁，可以自己设定，如 80 岁、90 岁、100 岁等，都可以。

如果无法想象这个画面，就可以搜索相关视频，视频中会展示一个人一生的变化，开始是婴儿，接着慢慢长大，然后变得成熟，再慢慢变老，有了白发，背也渐渐佝偻。

如果观看完相关视频后，想象的画面还是不够清晰，那么可以看看电影《奇异博士》里的片段，主角奇异博士用时间宝石操控苹果，让它变完整或腐烂。在这个过程中，周围的环境没有变化，变化的只有苹果。

在想象的这个画面中，只有时间是个变量。

依然将现在设定为早上 6 点，在只有时间这一个变量的情况下，晚上 8 点的画面就比较清晰了，把未来时间设置为 80 岁的同一天晚上 8 点。80 岁时所处的环境和现在是一样的，清晰度一样，明亮度也一样。

为了保证脑海中的画面足够清晰，先看向当下 8 点画面中最暗的那个角落。

假设当 80 岁时，眼睛看东西没那么清晰，晚上也没开灯，还能看得清这个角落吗？这个角落有什么东西？是遗忘很久的书，还是被忘记的盒子，抑或是一堆杂物，要一件件拿开？

最明亮的位置是哪里？是天花板的大灯，还是沙发边的落地灯？周围能看得清吗？你的行动方式有什么变化吗？

在这个过程中，只把时间变量放在自己身上，想象自己变老的过程，从当下到 10 年后、20 年后……一直到 80 岁。

接下来，把时间变量加到周围的环境上，想象周围的环境发生变化，看看周边哪些事物会消失不见。尽管整体画面不变，但有一些事物会消失。

比如，我们自己所住的房子，好像没什么变化，加入时间变量之后，会发现有些地方很难找到 50 年以上的老房子。

只要加入时间变量，一些不变的就都变了，比如，你变老了，这堵墙变成另一堵墙，眼前的桌子变成另一张桌子，手边的这部手机变成另一部手机……

你能想象这种变化构建出的画面吗？如果不能，可以看看电影《超体》，主角露西的大脑被开发到极致之后，她坐在椅子上，穿越到原始时代、纽约时代广场……甚至见到了人类最古老的祖先露西。

模仿《超体》中的主角，想象自己坐在椅子上，慢慢变老，周围的环境同时发生变化：可能有新生命加入，他慢慢长大，留下很多印记；一个个物品被舍弃，也有一个个新物品出现，营造出你喜欢的家庭氛围……一点点变化，一点点结合，渐渐变成你最想看到的画面。

这里设定的是在一个环境待很长的时间，10 年、30 年，甚至更长。但现实生活中，有的人的生活节奏很快，2 ~ 3 年换一个地方，无法想象自己在一个环境里待得特别久的画面。那么在这种情况下，在想象未来的时候，即使周围环境一直在变，也要构建自己想要的画面，未来可以按这个画面来实现。

在做以上练习的时候，你会发现，自己所想象的一天内的画面，比较清晰，未来几十年后的画面，比较模糊。持续练习，当两者的清晰度达到一致时，说明你构建未来的能力非常强。

　　这里有一个小建议，就是把电影里的艺术化场景带入到日常生活中。当思考未来时，使用这一方法非常有意思。尤其是以穿越时空为主题的影视作品，可以让我们思考得更深入。如《时间旅行者的妻子》《时空恋旅人》《时间规划局》《本杰明·巴顿奇事》等，都是相关主题的电影，看的时候多关注时间变量，以及它所带来的变化。

4.2.4　构建你的人生影片

　　我在人生规划的设计中，要求学员描绘每年生日的那一天的画面。这些画面里，既包括切片，如每年生日拍一张照片，集合成一段影片；也包括片段，如每年生日那天的生活，从起床一直到入睡，遇到了什么人，做了哪些事，心情如何等。就像短视频的两种形式，一种是多张图片集合在一起，一种是选取精彩段落。

　　人生规划，就像在脑海里拍一部电影，内容是自己一辈子的画面。如果每个画面都足够清晰，你就拥有了一部一生影片。视频号曾有个比较火的话题"我的十年"，即把过去十年的部分照片集合起来，做成一个短视频。现在你要做的是，把未来几十年会出现的画面集合起来做成一个短视频。尽管它只存在于你的脑海里，没有变成实体，但它就是你想象的一生，能随意暂停，能放大任意画面，仔细看清细节。如果你能把最不易看清的地方也看清楚，整部电影的走向就会变得比较明朗。

为什么要把最不易看清的地方看清楚？这是为了明确自己最不想要和最想要的东西是什么。比如，有的东西在你的家里放置了 10 ～ 20 年，你却从来没用过、没打开过，那你是想要它还是不想要它呢？看清楚才能决定下一步动作，清理那些你不想要的，关注自己想要的。

等以后再来看脑海里构建的这部"影片"时，就不是在想象未来，而是在回忆。你可以选择一个场景，比如刷牙，想象明年今天刷牙的场景，后年今天刷牙的场景……手上的牙刷变了吗？漱口杯换了吗？牙膏是什么牌子的？镜子里的自己变了吗？头发白了吗？背驼了吗？光线怎么样？开灯了吗？刷牙动作标准吗？有没有刷到一半，接到电话呢？

想象的这个场景要足够清晰。也可以想象生活中的其他场景，可以选择 10 个这样的场景，如喝水、吃早餐、出门、打招呼、睡前……

"未来回忆"的清晰度，取决于能否把整个画面中最不清晰的部分都描绘清楚，以及在走向未来的过程中，许多场景是否是连续的。如果无法拍出思想深度，就可以直接拍生活中的场景，在脑海中想象起床、刷牙、睡觉，和每天遇到的第一个人打招呼等，甚至可以想象自己阅读、睡觉、和孩子互动……从现在到未来的过程中，身边的人在变，爱人和你一起变老，孩子渐渐长大，看着他们变化的样子，会有更多感受。

做到这里，有没有觉得以后的生活中会发生的一些事情都不是大事，而是一系列的生活琐事？只要把所有的琐事都想象清楚，包括做什么工作，在什么地方生活，和什么样的人做朋友……这一生的画面都会非常清晰。

安排时间，多做想象练习，把想实现的目标、想要的生活，都融入进来。一般练习要花费一两个小时，当练习时，要先进入放松的状态，再慢慢引导，重要的画面要做停留，要回放，看清细节。也可以用语言描述，虽然语言有一定的限制性，尤其在时空穿越的感受上，无法清晰描述，但你可以截取其中的画面，通过语言把画面中的每一个细节描述清楚。

4.3 通过图书、影视作品理解时间

向大家推荐关于时间主题的一本书和两部电影，书是《永恒的终结》，电影是《时间旅行者的妻子》和《时间规划局》。

下面先简单聊聊书和电影的内容，然后重点分享其中关于时间的哲思带给我们的启发，以及如何在日常生活中实际运用。

4.3.1 《永恒的终结》

《永恒的终结》出版于 1955 年，是阿西莫夫所写的一部以时间旅行为题材的科幻小说。

故事的基本背景是：在 24 世纪，人类发明了时间力场，在 27 世纪，人类掌握时间旅行技术后，成立了一个叫"永恒时空"的组织。永恒时空主要负责微调一般时空中已经发生的事，以改变未来，从而避免社会全体受到更大的伤害。换句话说，"永恒时空"发现过去的"错误"，并纠正历史，将灾难扼杀在萌芽中，维护人类的稳定发展。

> 主角哈伦，是一名时空技师，15 岁时被挑选加入"永恒时空"。由于天赋异禀，再加上严格训练，他很快成为一名顶级的时空技师。
>
> 在一次时空任务中，哈伦邂逅了诺伊，两人相爱。为了与诺伊在一起，他多次打破永恒时空的规则。在这个过程中，哈伦发现了永恒时空背后的秘密，并且知道了诺伊来自隐藏世纪，她的目的是终结永恒时空，避免人类文明的灭绝。
>
> 最终他们打破了时空的因果链，永恒时空终结，无限时空开启。

启发一：人人都是自己的时空技师。

成为永恒时空之人，需要经历 4 个阶段：一般时空的普通人、时空新手、观测师和时空专家。没有人生来是永恒之人。

一个人必须是来自一般时空的普通人，才有可能成为永恒之人。主角哈伦在 15 岁时被选中，之后经历筛选，与家人告别，进入永恒时空。

进入永恒时空之后，他以"时空新手"的身份在学校里学习了 10 年。毕业后，开启了名为"观测师"的阶段。只有完成这个阶段，他才能成为"专家"，也就是真正的永恒之人，担任具体的职务，参与"变革"。

我们在规划自己的生活、管理自己的时间时，也会经历这 4 个阶段。

- 首先，我们都是一般时空的普通人，能感知时间，但对时间并没有抽象的概念。

- 接着，通过训练，学习时间管理和规划知识，对时间有了一定的感知力，成为个人知识管理、时间管理新手。

- 到达一定阶段后，继续深入学习，进行专业训练，对时间有了更深入的了解及更清晰的感知，成为观测师。

- 最后，成为专业人士，能够更好地管理自己的时间，规划自己的人生。

从某个角度来说，每个人都是自己的时空技师，规划着属于自己的一生。

启发二：从时空技师的角度来审视生活，做长远的规划。

书中，哈伦进行时间旅行时所使用的工具叫作时空壶。凭借时空壶，他可以穿越到永恒时空所管理的时间范围之外，但不能穿越到自己原生世纪的一般时空，并且最好保持一定的距离，这是为了避免因思乡情结而做出有偏向性的选择。比如，我们生活在 21 世纪，假设被选入永恒时空，成为永恒之人，那么从今往后都不能再回到 21 世纪，以及 21 世纪前后 5 个世纪，即 16 ~ 26 世纪。

人都是有偏向的。当自己做得还不错、有能力有资源后，就想回馈家乡，让家乡发展得更好。当看到先辈或子孙生活得不太顺遂时，也会在自己的能力范围内帮他们一把。而时空技师在一般时空进行任何"变革"，将可能影响 500 亿人的命运，所以永恒时空要求时空技师在执行任务时，"绝对"客观理性地思考问题。永恒时空中还有很多类似的规定，比如只有男性才能加入永恒时空，限制永恒之人与一般时空的人交往等，都是为了避免情绪带来阻碍。

永恒时空用复制机，大规模复制了几百万个时空分区，并派驻永恒之人进驻，进行检测。如果在一般时空中发现可能出现重大威胁事件，如灾难、战争、瘟疫等，永恒时空中的统计师、社会学家、计算师、时空技师等各岗位人员各司其职，对一般时空进行最小"变革"，改变未来，让原本可能发生的灾难不再发生。

运用永恒时空的管理方式来思考，做规划，最好是能做出长远的规划，因为对于目前的生活状态，我们会有一些情结，比如，在设定大目标时，我们会下意识认为自己做不到，或者没有勇气去达成。如果把时间拉长 20 ~ 50 年，可以做的选择会变得非常多。

进入一个新的领域，要实现从小白到专家的进阶，就要做一个 20 年的规划。如果要做出一个针对未来的计划，就要根据相关的数据来进行预测，预测结果要足够忠于事实。只有客观地建构自己的生活，才能为实现现实生活的"变革"打下基础。

重点是要从时空技师的角度来审视生活，收集足够多的数据，进行详尽的分析和计算，才能够更恰当地分析一项现实"变革"的性质和结果。换句话说，想做出一些改变，一定是基于一部分现实生活。我们在做出改变的过程中，还要像时空技师一样保持客观的态度，减少情绪上的介入，理性地进行判断。

启发三：遵循基本规则行事。

书中将时间大约分为 4 个阶段：

- 24 世纪之前是原始时代，可以大概理解为和我们一样的世界。

- 24 世纪至 7 万世纪，是永恒时空所能管理并改变的时空。

- 7 万世纪至 15 万世纪，是隐藏世纪，永恒时空的人无法进驻并改变这里。

- 15 万世纪之后，人类已经灭绝。

时空技师可以对 24 世纪至 7 万世纪的时空历史进行"变革"，但不能改变 24 世纪之前的历史，即原始时代的历史无法改变；也不能改变隐藏世纪的历史，那里被未来世纪的人设置了隔离，限制永恒时空的人进行"变革"。

男主角哈伦来自 95 世纪，女主角诺伊来自隐藏世纪的 111 394 世纪。故事中哈伦曾用时空壶带着诺伊穿越时空，抵达 111 394 世纪的时空分区，但后来被 10 万世纪的障碍所隔离，无法再次穿越。所以哈伦在时空壶里，可以"上移"，前往未来，也可以"下移"，回到过去，但无法突破时空壶的限制。也就是说，时空壶只能改变有限的未来。

这就好像开车，我们手握方向盘，可以前进或倒车，可以左转或右转，可以减速，也可以加速。如果最大时速限定在 260 千米，时速就不能达到 261 千米。如果最高时速限定在 120 千米，时速就不能达到 130 千米。这都是设定，我们只能在这个范围内行动，无法超出设定。

另外，永恒之人不能在任何时空中遇见自己。一旦进入永恒时空，成为永恒之人，就会与原来的生活告别，从此不再出现在原来的时空中。假如时空技师在 575 世纪，刚好 2456 世纪的自己接到任务，要到 575 世纪执行。两个不同时空的时空技师，可能在一个时空中相遇，这会导致时空碎裂，非常危险。所以在永恒时空的基本设置中，时空技师是不能遇见自己的。

启发四：挑战，才能激发潜能，寻找解决方案。

在书中，所有人都知道的历史是，24 世纪科学家马兰松发明了"时间力场"理论，27 世纪另一个科学家发现这一理论，随后人类创造出永恒时空。但事实上，马兰松是永恒之人，他穿越到过去，替代了原本生活在 24 世纪的马兰松，并且把"时间力场"理论带到那里，留下一本回忆录，讲述了自己的经历。

到此，"时间力场"的发明、永恒时空的创建，以及哈伦等人的命运串联到一起，形成一个闭合的因果链。这是永恒时空存续的关键。而诺伊从隐藏世纪而来，她的任务是找到马兰松，打破因果链，让永恒时空不再出现。她承担着拯救全人类的重任，但最后选择了爱情。

未来的人类为什么要这么做呢？原因在于永恒时空把人类保护得太好了。危机和挑战，才能驱动人类努力克服困难。但永恒时空让人类得以避开所有问题，剥夺了他们寻找解决方案的可能性和能力。所以，在书中，人类在 12.5 万世纪之后探索太空，却发现太空都被占领了，只能回到地球，最终走向灭绝。

类比我们的日常，培养孩子，把孩子保护在一个绝对安全的港湾里，并不意味着他可以一生顺遂。如果有两个孩子，一个孩子被保护得很好，所有问题都由大人解决；另一个孩子从小自主想办法解决问题，大人只进行引导。那么孩子成年后，谁能更好地适应社会呢？答案不言而喻。

每个人都会遇到问题和困难，只有主动解决问题和困难，能力才会提升。所以，无论是谁，遇到问题和困难，都不能逃避，要主动寻找解决方案，只有这样才能成长。

启发五：科技有好的一面，也有不好的一面。

在书中，时间力场、时间旅行、时空壶，发明这些先进技术，目的是推动人类社会的发展。利用时间旅行，改变人类发展历史，让人类生活在平稳和谐的环境里，也是一个美好的想法。但任何技术和想法，都有两面性，有时候，美好的开始并不意味着美好的发展和结局。

所以，当一个新的技术发明出来，或者一个要改变的想法产生后，既要看到会推动人类社会的发展，也要看到可能引发的不好的一面。

我们身边也有类似的事例，如塑料袋的发明。1902 年，科学家马克斯·舒施尼发明了塑料袋。他的第一反应是，这个材料太好了，其应用范围会非常广泛。很快，他意识到这种材料可能造成环境破坏。于是他要求当时的老板答应自己，暂时不把塑料商业化，直到找到降解塑料的方法。但老板抵不过商业利益的诱惑，违背了承诺，塑料很快商业化，并且迅速推广开来。马克斯·舒施尼一直致力于寻找出塑料降解的解决方案，最终都失败了。1921 年，他在自己的实验室中自杀。

4.3.2　《时间旅行者的妻子》

《时间旅行者的妻子》是 2009 年在美国上映的一部爱情电影，改编自同名小说，我是在 2013 年左右看完的。

电影讲述的是男主角亨利和妻子克莱尔的爱情故事。特别的地方在于亨利天生基因异常，患有"慢性时间错位症"，随时可能穿越时空。他会突然从生活的时空消失，赤身裸体地出现在另一个时空。他需要想办法弄到衣服和钱财，帮助自己在新的时空中生活，直到再次"发病"，回到他原本生活的时空中。

亨利在 28 岁时遇到了克莱尔，可是克莱尔已经认识亨利多年。原来未来的亨利多次穿越到过去，陪伴克莱尔的成长。

相遇之后，他们开始热恋，并很快结婚。婚后的日子简单而琐碎。亨利会突然消失，克莱尔收拾残局，等他回来。后来克莱尔怀孕，但胎儿也会穿越，他们几次失去孩子，最后终于有了一个女儿。亨利穿越到未来，遇见了女儿，同时得知了自己将在何时死去。开始他感到恐惧，后来逐渐接受，并鼓起勇气，迎接死亡的到来。

电影中的时间线大约是，相遇那年，他 36 岁，她 6 岁；相识那年，他 28 岁，她 20 岁；结婚那年，他 31 岁，她 23 岁；离别后重逢时，他 39 岁，她 39 岁。时间仿佛是一个莫比乌斯环，把两个人圈定在既定的命运里。在循环往复的设定中，两个人相遇、相知、相爱。

启发一：未来是一种回忆。

《时间旅行者的妻子》这部电影很经典，不仅讲述了浪漫的爱情，还有平凡生活、偏科幻的时空旅行、亲情和友情……不同的人会有不一样的观影体验。单身的人从中感受到了浪漫；已婚的人从中感受到了生活处处是惊喜。

影片呈现了"未来是一种回忆"。

对亨利来说，和克莱尔相遇是在 28 岁时。但对克莱尔来说，自己在 6 岁时就和亨利相遇了，之后 14 年的时间里，亨利一直不断地穿越，出现在自己的生活里，陪伴自己度过很多重要时刻。克莱尔从亨利那里知道了很多关于未来的事情，脑海中有非常清晰的未来画面。

这些画面，对穿越的亨利来说是已经发生的过去，但对克莱尔来说是尚未发生的未来。经由亨利的叙述，克莱尔在脑海里构建了这些画面。开始她可能不太相信，或者构建的画面不够清晰，随着亨利在十几年间的反复讲述，她脑海中的画面变得越来越清晰，也越来越认定：亨利就是自己的丈夫。

这就相当于一个人重复告诉你，有一件事在未来一定发生，还详细地说明了发生的时间、地点、经过、细节。听一两次，你不一定相信它会发生。但时间长了，重复足够多次，自然而然，你就相信这件事一定会发生，并且当事情发生时，你觉得非常正常。

启发二：用"坚定"的完成式词语描述未来。

对亨利来说，穿越回过去，很多事情都已经发生，所以他使用的语言词汇都是"坚定"的、已经发生的完成式。

电影开篇是亨利的第一次穿越，6 岁的小亨利和妈妈开车回家，遇到了车祸。小亨利从车里穿越，而长大的亨利也从未来回到车祸发生的时间点，坚定地告诉 6 岁的自己：一切都会好起来。

当男女主角第一次相遇时，亨利对 6 岁的小克莱尔说："我下周二下午 4 点会回来。"后来他真的去了。对当时的亨利来说，下一次穿越发生在过去，但对克莱尔而言，发生在未来。

他们结婚那天，亨利穿越到过去，见到了小克莱尔，她问："你以后会不会结婚？"亨利回答："会。"小克莱尔生气地说："我希望你娶的是我。"随后，亨利穿越回现实生活，告诉克莱尔："我刚刚和你在草地上，你在嫉妒我的妻子。"亨利和小克莱尔说的是未来确定发生的事情，和克莱尔说的是过去已经发生的事情。

> 夫妻二人中彩票后决定买一套房子。亨利穿越时空
> 来到未来，看到了未来的房子。后来他们在看房子
> 的时候，他的脑海中已经有了一个清晰的画面，看
> 到对的房子，一眼就能认出来。

我们在日常生活中，如果要想象未来的清晰画面，在描绘自己想要的生活时，直接说想要什么生活或已经过上怎样的生活，即用完成式词语来描绘，而不要说用什么方式过上想要的生活，如要赚多少钱买什么东西等。

赚钱是方式，并非目标，不要把两者混淆。你想要的是环游世界，和家人一起去海边，拥有一所房子，或者过上旅居生活，并非是赚到多少钱。在写自己想要的生活方式时，要用已经完成的时态，描述一个清晰的画面，而不是可能发生什么。

启发三：描绘未来，关注重要的人和事物。

我们的生活，都有从现在走向未来的过程。未来已经在路上，我们走过去，就会到未来。如果能知道未来，未来就会变成现在。就像电影中男主角亨利，未来的他穿越时空，回到过去，告诉过去的自己和女主角克莱尔未来发生的事情，过去的

自己就朝着这个方向前进。

未来有无数种可能，原本一切都是不确定的，但因为未来的自己告诉现在的自己，这件事情未来已经发生了，于是我们脑海里有了一个清晰的未来画面，甚至坚信这件事情未来就是这样的，就是脑海里已有的画面，不会有其他可能。当未来这件事情真的发生，并且和自己脑海里的画面一模一样时，那一瞬间我们会特别惊喜。

亨利开始无法控制穿越能力，后来他发现情绪激动时穿越的概率很大，而且无法穿越到自己的生命范围之外，只能在他生命存在的时间阶段穿越。当遇到克莱尔时，从克莱尔的日记中知道自己穿越到过去的时间点时，他的脑海中就有了确定的时间，知道自己会穿越到过去，要出现在哪些重要的人生场景里。实际上，日记中写的穿越时间也是未来的亨利告诉小克莱尔记录下的。

当构建自己未来的画面时，我们也可以关注人生重要事件，把发生在重要时间点的画面描绘清楚，不用去管那些不那么重要的场景。

我们在构建未来画面的时候，实际上也是在"穿越"，在脑海中提前到达未来场景。电影中男主角亨利能够直接抵达目标场景，而我们可以运用思维去抵达目标场景。

还有一点是，我们现在可能并没有把未来构建得很清晰，但是如果以未来的身份，告诉现在的自己，未来会做一些什么事，比如，2026 年孩子出生，2032 年搬新家，2042 年和家人一起旅行，2052 年退休……那么这就相当于未来的我们穿越到过去，告诉过去的自己在什么时候、在哪里可以见到未来的自己。

启发四：我们走向未来，未来走向我们。

在电影中，两人在现实时间线相遇，是克莱尔期待的未来。因为在过去 10 多年的时间里，她已经确定自己的丈夫就是亨利，所以当见到亨利时，她非常惊喜，提出一起吃晚餐。对亨利来说，这是第一次见到克莱尔，他虽然有穿越能力，但那时的他还没有穿越回去见过克莱尔，也不知道自己未来会和她结婚。当两人第一次吃饭时，他对克莱尔说："你能不能假装，我们是第一次见面？"

电影很有意思的一个地方在于，男女主角到底谁先认识谁，就像"是鸡生蛋还是蛋生鸡"一样，无法搞清楚。在现实生活中，亨利遇见克莱尔时，他的年龄是 28 岁，在此之前，他从未见过克莱尔。两人在一起之后，他从 28 岁到 43 岁，不断穿越回过去，见到自己的妻子，并且向过去的她描述未来生活的画面。但在现实生活中，克莱尔先来到亨利所在的城市，认出亨利，并提出约会。克莱尔让构建的画面变成了现实，成为亨利的回忆，再经由未来的亨利告诉小克莱尔，成为小克莱尔的未来。

所以，到底是谁构建了这个画面呢？继续延伸，未来到底是我们现在构建的，还是我们到未来构建的？未来走向我们，还是我们走向未来？是我们过上了幸福的生活，还是幸福生活这件事找到了我们呢？

启发五：未来需要努力追求，才会成为想要的未来。

在电影中，夫妻二人在婚后，面临很多问题。开始是经济问题。亨利随时会穿越，无法正常工作。克莱尔一边要随时应对亨利穿越所带来的麻烦，一边要努力工作，承担家庭经济负担。

一次，亨利在圣诞节前穿越，消失了两个星期，错过了圣诞节和新年。压力让克莱尔爆发，两人发生了争吵。为了未来的生活，亨利利用自己的穿越能力，中了彩票，解决了经济问题，克莱尔在家中也拥有了一个工作室。

后来两人争吵的焦点变成了孩子。克莱尔几次怀孕都流产，原因是胎儿也有穿越能力。克莱尔非常希望有一个孩子，亨利则更担心克莱尔的身体，于是他独自去做了结扎手术。两人为此大吵一架。这时，过去的亨利穿越到未来，并和克莱尔有了一个孩子。亨利很担心，却只能接受。后来亨利穿越到10年后，见到了自己的女儿。他看到女儿很健康，也能穿越时空，并且能力比他更强，可以选择去任意时空，才终于放下心来。

尽管因为穿越产生了许多矛盾，但两人对彼此都非常坚定，当遇到问题时，会积极寻求解决方案，比如，克莱尔找医生检查亨利的身体，测试基因寻求保住孩子的方法等，最终克服困难，获得想要的生活。

想要的未来不会自动到来，需要我们主动追求。为了实现脑海中描绘的未来，保证它一定发生，我们会面临很多困难和挑战，而且在实现未来的过程中，我们并不知道自己将要面临怎样的困难和挑战。走向未来的过程，不会一帆风顺。

　　但是我们在脑海中可以有一个清晰的未来画面，让未来的自己告诉现在的自己：我们将拥有一个怎样的未来，并且这个未来一定能实现。这样现在的自己不会在乎是否遇到了困难和挑战，而是想办法解决它们，走向未来。

　　至于那些不属于未来的画面，我们从未构想过。换句话说，坚信自己有一个确定的未来，从来不曾认为自己的未来有多种可能性。因为未来的自己告诉了现在的自己会有怎样的未来，未来变得非常清晰。

　　在日常生活中，用心思考自己想要的未来。当思考得足够清晰时，想要的未来真的会实现。当有人反对我们走向想要的未来时，我们会坚定地说："这就是我想要的未来。"当有人告诉我们未来会遇到很多困难和挑战时，我们的回答会是："我已经做好了面对这些困难和挑战的准备。"

　　但是，身处现在，不在未来，这些未来的困难和挑战，我们还无法理解。等到真的抵达未来，等到事情发生，才会恍然大悟：困难和挑战，是走向未来的必经之路。克服了这些困难和挑战之后，我们会非常开心："我终于实现了想要的未来，并且期待更美好的未来。"正如电影中，当好友反对克莱尔和亨利在一起时，她对好友说："我一生都在等他，现在他就在这里。"

启发六：未来可以重复构建，直到足够清晰。

如果未来只构建一次，那么构建得不一定足够清晰，也不会让人感受深刻，但如果像电影中的女主角一样，在十几年间，不断遇到从未来穿越回来的男主角，多次不断构建未来，那么想要的未来，就会变成生活中稳定的存在，甚至发展成恒定的存在。

未来被构建出来后，未来之后的部分，可能不会发生。电影中，亨利只能在自己的生命范围内进行时空旅行，他无法穿越到没有自己的未来，也就是 43 岁之后。他曾经疑惑自己为什么没有从更远的未来穿越回来，原因就在于他没有更远的未来。

电影中，他有两次穿越，一次是在 38 岁穿越到 10 年后，见到了 10 岁的女儿，得知自己将在 43 岁死去；另一次是在 39 岁穿越到 8 年后，见到了 39 岁的克莱尔和 9 岁的女儿。

亨利的女儿也有穿越时空的能力，并且可以选择要去的地方，也在学习尝试控制时空旅行的时间。换句话说，时空穿越的能力在他女儿身上升级了。她曾多次穿越到没有自己的时间线上，穿越到自己出生前，见到父母吵架，穿越到很久之前，听过世的奶奶唱歌。亨利通过穿越多次见到的女儿，都不超过 10 岁，假设女儿的能力变强之后，是否有可能让亨利见到 20 岁、40 岁的她，亨利有没有可能穿越到女儿40 岁时的时空呢？接下来是不是由女儿来告诉亨利未来的画面呢？

这个细节告诉我们，任何人无法实现从来没有构建过的未来。想要实现的未来，可以是自己构建的，也可以是别人告诉我们的。只要确信这就是自己的未来，就可以去构建并实现。

换个角度，我们从现在开始构建未来的画面，可以清晰地看到未来，我们能看多远，接下来生活中的回忆就有多长。如果看到了更远的未来，现在的生活就有了更多可能性。

想要的事情，到底如何达成？什么时候达成？是"一定能达成"还是"可能达成"？你能把控的变量有哪些？如何把想要的未来变成确定能实现的未来？

未来就是回忆。当我们抵达未来时，第一反应会是惊喜：我来过这里。每个人的命运取决于自己的选择，相当于我们可以确定自己的命运，选择自己的命运，而非任由它摆布。不要给自己构建一个不知道未来是什么的画面。

总结一下，这部电影中有很多地方可以应用到人生规划上。

首先，未来是一种回忆，在脑海中构建足够清晰的画面，未来就会牵引着我们向前走。在接下来的人生中，不等待，每一天都去实现未来，把脑海中的画面变成现实。

其次，在实现未来的过程中，会遇到不太清晰的地方，我们可以不断理清，让它变得越来越清晰。

再次，在走向未来的过程中一定会遇到困难和挑战，但由于构建了非常清晰的未来画面，我们有信心和能力克服它们，走向自己想要的未来。

最后，未来的边界是可拓展的。关键是要不断训练自己的人生规划能力，把脑海中的画面描绘得足够清晰。

4.3.3　《时间规划局》

《时间规划局》是 2011 年上映的电影。故事发生在一个虚构的未来世界中，每个人活到 25 岁，就不会再变老，但只有 1 年（8760 小时）的免费生命，想要延长生命，就必须获得更多"时间"。

"时间"是《时间规划局》所构建的世界中的流通货币，工作赚"时间"，买东西花"时间"，银行借贷"时间"，每个人都可以相互传递"时间"……一旦手臂上的"时间"清零，就会立刻死去。因为"时间"具有了金融属性，在商业环境里，有人拥有的时间多，有人拥有的时间少。

在电影中，人们想尽办法增加自己的时间，如打工、做生意等，富豪的时间是以 100 年为基数，可以达到千年甚至万年。穷人则疲于奔命，计算着自己的每分每秒，以求生存。他们分别生活在泾渭分明的"时区"：穷人区和富人区。

一个活了 105 岁的富人觉得人生很无趣，从富人区跑到穷人区，被强盗盯上。生活在穷人区的男主角威尔救了他，并从他口中得知富人剥削穷人的真相。第二天一早，富人把自己剩余的 116 年时间送给了威尔，选择自杀。威尔因此成为谋杀嫌疑人，被时间警察追缉。

威尔进入富人区，结识了时间银行家和他的女儿西

尔维娅。为了躲避追捕，他绑架了西尔维娅，开始
了逃亡。在逃亡的过程中，西尔维娅看到了父亲的
冷酷，也和威尔迸发出感情的火花。两人变成同伴，
成为劫富济贫的"雌雄大盗"，不断夺取时间银行里
的时间，分给贫民窟的人。

在《时间规划局》这部电影中，设定了时间警察的角色，
他们的职责是维护社会秩序，监管这个世界的时间流向，比
如，富人的"时间"必须合法地流入穷人区。威尔因为无法证
明自己获得的 116 年时间是富人赠送的，还是通过谋杀获得
的，所以被时间警察追缉。

穷人区和富人区之间有严格的界限。富人到穷人区很容
易，穷人到富人区则很难。从穷人区到富人区，有重重关卡，
每过一个，都要付一大笔时间。绝大部分穷人一辈子都无法支
付这笔时间。威尔得到 116 年时间后，到了富人区，但他还是
习惯争分夺秒，与富人区悠闲的富人格格不入，总是被轻易地
看出来自穷人区。富人和穷人的观念和行为冲突在电影中表现
得非常明显。

女主角的父亲是银行家，已经生活了 85 个 25 年，谁也

不知道他到底有多少"时间"。他的身后随时有保镖，他还给家人安排了随身保镖，他说："意外和暴力会让一个人的时间突然没了。即使你有时间，有大量的财富，这些也并不完全属于你，随机发生的意外和暴力，会夺走这一切。"

《时间规划局》这部电影可以帮助我们理解时间的属性。

4.4　和时代一起发展

4.4.1　积极看待所处的时代

如果用一个词描述今年，你会想到哪个词？有的人说今年一言难尽。

实际上，每个年份既有好的一面，也有不好的一面。在同一年，有人创造了巨大的价值，有人过得比较辛苦。

作为个体，我们该选择什么样的生存策略呢？在经济环境好的时候，努力赚钱；在经济环境一般的时候，努力学习，用心积累"本金"。这个"本金"就是我们的智慧和能力。当经济有波动时，很多人都在家里练"内功"，等经济环境变好之后，会把"本金"都展现出来。

假设在环境很好的年份，年收入是 100 万元，在环境不太好的年份，只赚到 20 万元。换句话说，两个年份的时间成本分别是 100 万元和 20 万元，那么在哪一年学习的成本更低呢？显然是在环境不太好的年份。

同样是付出经济成本，相比较而言，在环境不太好的年份里学习，可以换来更多的增值，也就是成长增值的成本更低，从长期来说，可以赚到更多。当增值量相同时，在环境好的年份里学习，需要付出的经济成本会更高。

很多人的成长是阶段性的，积累是一个人不断创造价值的基本方式。一个人能够快速成长，一定是因为他把时间花在了自我提升上。今年到底是一个怎样的年份，取决于我们所选择的生存策略。选择赚钱，如果方向不对，努力就可能白费，从而只看到今年不好的一面；选择学习，凡事可以自由掌控，从而看到今年好的一面。不管环境好不好，只要自己在生存线以上，就可以提前布局，为接下来的复苏做好准备。等环境逐渐变好的时候，抓住机会，奋力奔跑。

《财务自由之路》里说，为了应对一些特殊时刻，一定要尽可能存 6 ~ 12 个月的生活费，作为财务保障。如果想进一步保障基本生活，达到财务安全的水平，就可以存 150 个月以上的生活费。150 个月是 12 年 6 个月，如果在这么长时间内生活都有保障，我们就可以放心大胆地做自己想做的事情，完全不用担心赚不到钱。一直往前走，当环境不好时认真学习；当环境变好时认真赚钱，存够 300 个月的生活费，并且不断向前推进。财务安全有保障，时间会给我们力量，推着我们向前走。

时代给予我们的是机会还是风险，取决于如何看待，以及如何应对。世界一直在变化，经济有周期。在能赚到钱的时候，多赚钱，但不一定要多花，可以把赚到的钱存下来，保证财务安全，以应对风险。度过风险的关键，不在于绝对资产值高，而在于现金流稳定。

生活中的很多问题都能在书中找到答案。比如，如何计算成本？如何让资产增值？如何减少负债？如何保障未来？如何增强抗风险系数？如何在艰难环境中维持生存……这一系列的问题，在很多财富类书籍中都能找到答案。知道答案后，还需要做到。有时虽然我们知道如何解决问题，但由于没有落实，最终遇到问题还是不知道如何解决。读过的书要转化为行动，真正在生活中做到。

4.4.2 是投资还是消费，随社会发展变化

有时候，花出去的一笔钱，是资产还是消费，也会随着社会的发展产生变化。

比如，日本房价曾一度上涨，在二十世纪八九十年代达到顶峰，那时候房子就是资产，而且是快速增值的资产，但其中也存在着严重的泡沫。

1990 年，日本政府出台货币政策和土地政策，刺破泡沫，导致房价快速下跌。1991 年，东京的房价在 3 个月内暴跌 65%，无数高位接盘的日本国民从"千万富翁"变成"千万负翁"。加上社会老龄化严重，日本房价连跌 20 多年才探底。

假设以 1000 万元的价格买下一套房子，房价下跌 50% 后，房子的市场价格是 500 万元，如果卖出去就要亏损 500 万元，如果不卖出去就要继续支付房贷，而且还需要长期支付税费和维护费用等成本。房子从"不动产"变成了"负动产"。

资产，简单来说就是花一笔钱，得到的比花出去的多，比如，卖出价格高于买入价格，或者买入之后产生收益，且收益

高于买入价格。消费则是钱花出去，就没有了。

举个简单的例子，大部分人买手机是一种消费，花 1 万元买入，3 年后送二手回收店，价格为 1000 元，我们获得的是手机 3 年的使用价值。相当于 3 年内每年消费约 3000 元使用这台手机。而有人做手机测评，新款手机上市后，第一时间买下做测评，发布测评视频或文章，获得收益。这些人买手机，变成了一种投资。

又如，汽车有保值率，即一辆车的保值程度。通常来说，新车被买下办好手续后，再到市场上售卖时就是二手车，售价可能为原来的 80%。假设一辆车被买下时价格是 100 万元，变成二手车售卖，评估价格就变成 80 万元，相当于价格直接蒸发 20%。

一般一辆车 3 年的保值率大约是 60%，比如，价值 100 万元的车使用 3 年后，价值变为 60 万元。但有一些车型的保值率高，3 年保值率可达到 75%，也就是说价值 60 万元的车，使用 3 年，二手价格还能达到 45 万元。如果遇到一些特殊情况，如车源紧张、芯片紧张等，汽车的二手价格会相应提高，这是市场变化带来的影响。

如果我们有长期记账的习惯，厘清哪些行为属于投资和哪些行为属于消费，就会对时间价值有非常具体的感知。

4.4.3　重视时间的投资和消费

时间的用途，也分为投资和消费。通过做时间记录，可以看到自己是在积累资产，还是在纯粹地消费时间。

假设今天的工作很顺利，下午 6 点准点下班，离晚上 10 点，还有 4 小时，你会做什么呢？是打开书阅读，还是学习课程？是和家人、朋友吃饭，还是陪孩子看书？

无论做什么，可能都无法很快评判出是在积累资产还是在消费时间，但是几年后再看，就能看到时间积累的资产：陪孩子看书，孩子养成了阅读的好习惯；自己阅读、学习，提升了专业技能……

时间资产也是一种资产，能积累复利，比如，花时间读书、写文章、和他人互动，都会逐渐积累时间价值，创造时间资产，实现时间增值。

能够实现增值，从来不是因为环境影响，而是因为你投资了时间。如果环境不好，即使拼尽全力也赚不到多少钱，不如坐下来学习，这时候的学习成本低。等到环境好了，将所学应用到实践中，可以创造更大的价值，也能获得更高收入。这是投资时间的一种方式。

人们喜欢和什么样的人合作呢？通常，不啰唆、不拖沓、做决策果断、思路清晰、目标明确、行动迅速的人会更受欢迎。一件事，能做就做，不能做就不做。

假设你想要买一瓶水，和商店老板说："我好渴。"老板肯定不知道你想要什么。店里可供选择的饮料很多，他以为你会选一个，结果你说："我到底是买还是不买？"老板听后估计一头雾水。此时如果店里人少，他就会问你具体要哪一个。如果人多，他就会先去招待其他人。

在日常生活中，要锻炼好自己各方面的能力，减少做决策的成本。很多时候，我们能计算出做决策的经济成本。比如，是买矿泉水还是买饮料？一个售价 2 元，一个售价 5 元，价格清晰，在影响不大的情况下，要快速做出决策，可以设定一些基本原则，如果选择矿泉水，那么一方面原因是价格，5 元看似不多，长期积累也不少；另一方面是健康，饮料大多含糖量高。当然，如果有喜欢喝的饮料，定下一款，就喝这一款也没问题。设定原则是为了让自己快速做出决策。

时间资产也是如此。有时候我们会在一些影响不大的事情上纠结。比如网上购物，花 1 小时比价、领取优惠券，最后下单时可能只优惠了 2 元。1 小时的时间看似很短，但时间资产是由无数个 1 小时积累而成的。

要像重视口袋里的每一分资产一样，重视生活里的每一分每一秒。如果不断地买入资产，包括金钱资产和时间资产，复利的能量就会逐渐显现出来，年龄越大，整体的增值越快。如果一直消费金钱、消费时间，不做投资，我们的资产就会越来越少。

4.4.4　做一个未来的投资者

要认真地考虑自己的养老生活。很多问题并不是发生在当下，而是在未来，是在走向未来的过程中发生的。人口老龄化是社会趋势，个体逐渐变老是正在发生的事情。我们需要为此提前准备。如果能提前做好足够的准备，那么即使出现再大的问题也不用担心。

一些超级富豪会对未来经济发展进行预测，有些人可能不以为意，而有心人会为即将到来的趋势做准备。当预测应验的时候，有些人才反应过来，有心人已经准备了好几年。

趋势，是一个看起来模糊的未来，不是准确的现在。虽然趋势影响很大，但我们并不会有深刻的感受，也不会受到太大的影响。我们要做的是过好自己的生活，赚到自己每个月的生活费，在此基础上，努力向前。

有时间思维的人会明白，资产的增加，并不意味着自己一定可以做出正确的决策。资产越多，错误决策带来的损失越大。每做一个决策之前，都要冷静下来思考，尽量做出正确的决策，才能创造价值，不断增值。

在投资的时候，尽可能保证每笔投资实现盈利。换句话说，投资也要求确定性，在投入一笔资产之前就要确定盈利的概率接近100%。虽然我们无法保证投资100%赚钱，因为还是有风险的，但如果在投资之前，没有思考如何盈利，没有努力将风险降到最低，就不是一个彻底的投资者，而是投机者。投资者能确保自己的资产是增值的，投机者则无法确保。

个人投资和风险投资一样，都要想尽办法降低风险。假设有10个投资项目，即使其中9个都失败，剩下的1个能够盈利100倍、1000倍，也是很不错的投资项目。

做时间投资的决策也是同样的道理。盘点下自己的时间，看看是用于投资多，还是消费多。如果将时间一直用于投资，假设现在你的年龄为 30 岁，那么 30 年后，时间资产是比较雄厚的，也能取得一些成果。如果一直消费时间，到 60 岁就不会取得大成果。因为消费时间无法使时间增值。

每个人都是自己最大的资产。 评判一个人，并不应看他的身价，而应看他的品格和能力。如果他是一个品格坚韧、才能卓越的人，那么哪怕他身上没有一分钱，也可以做出成果，我们也都愿意相信他。这源于他过去用时间积累的信用、经验、成果，这些都是时间资产。

10 年可以改变很多，尤其这种改变发生在个人身上。10 年对一些人的改变是巨大的，我只能用巨大来形容。短期的改变也许会有些成果，但只有长期的改变，才是巨大的。

10 多年前，我在一本书中看到了关于积极心态的内容，书中建议：抱怨社会，吐槽他人，对生活没有任何帮助。我们要改变自己的用词，使用正面、积极的词汇，生活也会随之改变。这个建议对我帮助很大。

我在书中还看到一段话：不要说自己不想要什么，要直接说自己想要什么。当时身边朋友和女生谈恋爱，都觉得猜不透女生的心思，因为女生经常说不要什么，但不说要什么。男生思维很难转过弯来。也有一些情商高的女生，会给男生暗示，两人相处就很愉快。

生活也是如此，把生活当成对象，不要总说自己不要什么，或者把想法藏起来，让生活猜。

如果你说："猜猜我想吃什么？"那么生活无法做出回答。

如果你说："我想要一个房子，套内面积 280 平方米，其中一间卧室要改造成书房，放得下 1000 本书，厨房做成开放式……"那么生活会给你想要的。说得越详细，生活越清楚如何给你。如果没有说出"想要的"，生活就无法给你任何东西。你也会离自己想要的生活越来越远。

不断想象并描述想要的生活，用积极的语言，用肯定的语气，用清晰的词汇告诉生活："我想要的就是这样的生活！"

4.4.5　全力以赴，获得幸福

有两种状态，一种是完全没有遇到困难，另一种是经常遇到困难，哪种状态更能感受到幸福？或者换个对比，是周末什么也不做，直接"躺平"，还是工作一天解决一些问题，更能感受到幸福呢？实际上，在工作中接受挑战，解决困难，更能让自己进入"心流状态"，幸福指数也更高。

一般，认为自己不幸福，不是因为有很多事情要做，而是什么事情都不做。要做很多事情，也会有一些情绪，只要把事情做完，就会觉得很幸福。

沉浸在"心流状态"下，是很幸福的。忘记时间，忘记自我，忘记能力，忘记周围……只关注眼前的事情，让自己沉浸其中，往往也能收获一些感悟。

在大部分情况下，人们喜欢休闲娱乐胜过工作，但是在工作状态下获得的心流体验，比非工作状态下要多。换句话说，在工作状态下能赢来更多幸福的高光时刻。在工作或生活中，碰到困难和挑战，积极主动地去解决，幸福感更强。

幸福，是比较出来的。如果想知道自己幸不幸福，就看看自己有没有失去什么。不要总看自己没有得到什么，而要看自己没有失去什么。比如，能坐在书桌前阅读，能和家人聊天……这些都是幸福。因为你没有失去，能够看得清、听得见、摸得着，能说会道、能跑能跳，这就是幸福。

等到碰到问题和困难后，才会发现原来没碰到的时候，有多么幸福。就好像大热天，从室外走进空调房，幸福感瞬间拉满。

如何让自己处于幸福的状态呢？幸福的状态，是在遇到一点困难，走出目前的舒适区，但又没有被困难吓一跳的时候获取的。这种状态最好，因此幸福的状态并不是一个特定的值，也不是要做完特定的事情才能获取的。

幸福不是赚到一亿元，而是在赚钱的过程中，不断迎接挑战，克服困难所获得的幸福指数。直接取得结果，如购买彩票中奖，不一定能获得幸福，反而可能很快失去得到的财富。换个角度思考，现在越普通，未来的幸福指数越高。因为努力的空间很大，可以大展拳脚，获得自己想要的幸福。如果站在高峰，伸手够，却没什么可以够得着的，幸福指数会低很多。

当第一次赚到 100 万元时，你会感觉很幸福；当第 101 次赚到 100 万元时，可能没有第一次那么兴奋。幸福指数的高低，与物质是否丰裕，并没有直接关系，但是物质的增加，尤其是相对值的增加，有助于提升幸福感。所以，如果暂时没什么钱，未来感到幸福的时刻，就会比已经有了很多钱的人多。

从现在开始，对自己说："不管遇到什么问题和困难，都一定能克服，因为这是获得幸福的方式。"

能够获得幸福，绝对不是因为做了多少事情，而是克服困难并做成了一件事，并且做到之后，马上去做下一件。在把力所能及的事情做到极致的基础上，在人生各个阶段，做一些能力范围之外的事情。

我更建议，在做人生规划或定目标时，要定一个这辈子都不可能实现的目标。这是为了追求终极的幸福，正是因为达不到，才需要努力，才会直面挑战和克服困难，幸福指数会随之升高。当然，"躺平"是有必要的，在某些人生阶段，需要适当地休息一下。

幸福在于你如何定义，如何去追寻。想让自己幸福，全力以赴地去做一件这辈子都不可能做成的事。